智能照明电子产品设计与测试

主编 牛 杰 陈宜建

北京理工大学出版社
BEIJING INSTITUTE OF TECHNOLOGY PRESS

版权专有　侵权必究

图书在版编目(CIP)数据

智能照明电子产品设计与测试 / 牛杰，陈宜建主编. --北京：北京理工大学出版社，2023.8
ISBN 978-7-5763-2830-1

Ⅰ.①智… Ⅱ.①牛…②陈… Ⅲ.①智能控制-照明设计 Ⅳ.①TU113.6

中国国家版本馆 CIP 数据核字(2023)第166653号

责任编辑：王玲玲　　　文案编辑：王玲玲
责任校对：刘亚男　　　责任印制：施胜娟

出版发行	/ 北京理工大学出版社有限责任公司
社　　址	/ 北京市丰台区四合庄路6号
邮　　编	/ 100070
电　　话	/ (010) 68914026（教材售后服务热线）
	(010) 68944437（课件资源服务热线）
网　　址	/ http://www.bitpress.com.cn
版印次	/ 2023年8月第1版第1次印刷
印　　刷	/ 河北盛世彩捷印刷有限公司
开　　本	/ 787 mm×1092 mm　1/16
印　　张	/ 12.75
字　　数	/ 300千字
定　　价	/ 63.00元

图书出现印装质量问题，请拨打售后服务热线，负责调换

前言

本书针对电子产品设计与测试工作岗位，以智能照明系统研发过程贯穿教材的始终，以工作任务为中心来构建理论和实践知识，在完成具体工作任务的过程中，培养学生方案设计、分析问题和解决问题的能力，系统掌握电子产品的设计、测试和生产工艺等技能。

通过对客户需求分析、关键电子元器件检测、功能模块设计、系统集成和系统调测的学习，可使学生初步接触企业真实的电子产品从立项、项目分析、项目方案设计、系统集成到系统调测的全过程；了解和掌握一般电子产品设计的知识和技能，包括常用电子元器件工作原理、主要性能及测量方法；熟悉功能电路设计基本知识和原理；掌握电子系统集成以及产品调测技巧和流程。通过亲自动手进行元器件检测与焊接、功能电路组装与测试、系统搭建与调测等一系列操作，培养学生的动手能力，同时使其掌握电子产品设计、生产工艺流程控制和产品检验等技能。

本书由常州信息职业技术学院牛杰、陈宜建、张素琴、王进、张玮等老师，常州敏杰电器有限公司的钱雪峰和左海波工程师，柯泰光芯（常州）测试技术有限公司刘文和张巍工程师共同编写。全书共有5个项目18个任务。项目1主要介绍关键元器件LED灯珠工作原理、特性、关键参数和典型应用，由陈宜建、牛杰和张玮编写；项目2主要介绍LED照明原理、LED光源设计方法、典型LED光源原理图和PCB设计，由陈宜建和钱雪峰编写；项目3主要介绍常见电源工作原理、典型电源应用，根据客户需要设计典型电源，由钱雪峰和王进编写；项目4主要介绍接口电路和典型软件设计，实用性很强，由陈宜建、张素琴和左海波编写；项目5主要介绍了电子产品应用系统的搭建和测试，对电子产品的质量进行分析，主要由陈宜建和牛杰编写。刘文和张巍参与编写了部分内容，全书由陈宜建负责统稿。

由于电子技术发展快、技术更新迅速，加上编者水平有限，书中难免有不妥之处，恳请广大读者批评指正。

编　者

目 录

项目1 测试 LED 灯珠 ... 1

项目简介 ... 1
知识网络 ... 1
学习要求 ... 2

任务1.1 点亮 LED 灯珠 ... 3
学习目标 ... 3
素质拓展 ... 3
实训设备 ... 3
1.1.1 任务分析 ... 3
1.1.2 相关知识 ... 4
1.1.3 任务实施 ... 9
任务评价 ... 10
课后拓展 ... 11

任务1.2 测试 LED 灯珠电参数 ... 12
学习目标 ... 12
素质拓展 ... 12
实训设备 ... 12
1.2.1 任务分析 ... 12
1.2.2 相关知识 ... 13
1.2.3 任务实施 ... 16
任务评价 ... 18
课后拓展 ... 19

任务1.3 测试 LED 灯珠光参数 ... 20
学习目标 ... 20
素质拓展 ... 20

实训设备 ·· 20
　　1.3.1　任务分析 ·· 21
　　1.3.2　相关知识 ·· 21
　　1.3.3　任务实施 ·· 22
　　任务评价 ·· 27
　　课后拓展 ·· 28
任务1.4　测试LED灯珠色参数 ·· 29
　　学习目标 ·· 29
　　素质拓展 ·· 29
　　实训设备 ·· 29
　　1.4.1　任务分析 ·· 30
　　1.4.2　相关知识 ·· 30
　　1.4.3　任务实施 ·· 34
　　任务评价 ·· 39
　　课后拓展 ·· 39
　　小结 ·· 40
　　习题 ·· 40

项目2　设计LED光源 ·· 42

项目简介 ·· 42
知识网络 ·· 42
学习要求 ·· 43
任务2.1　测试可调色温LED灯 ·· 44
　　学习目标 ·· 44
　　素质拓展 ·· 44
　　实训设备 ·· 44
　　2.1.1　任务分析 ·· 44
　　2.1.2　相关知识 ·· 45
　　2.1.3　任务实施 ·· 51
　　任务评价 ·· 52
　　课后拓展 ·· 53
任务2.2　测试彩色LED灯 ··· 54
　　学习目标 ·· 54
　　素质拓展 ·· 54
　　实训设备 ·· 54
　　2.2.1　任务分析 ·· 54
　　2.2.2　相关知识 ·· 55
　　2.2.3　任务实施 ·· 58
　　任务评价 ·· 59

课后拓展 ··· 60

任务2.3　设计LED光源原理图 ··· 61
　　学习目标 ··· 61
　　素质拓展 ··· 61
　　实训设备 ··· 61
　　2.3.1　任务分析 ··· 61
　　2.3.2　相关知识 ··· 62
　　2.3.3　任务实施 ··· 66
　　任务评价 ··· 70
　　课后拓展 ··· 71

任务2.4　设计LED光源PCB ··· 72
　　学习目标 ··· 72
　　素质拓展 ··· 72
　　实训设备 ··· 72
　　2.4.1　任务分析 ··· 72
　　2.4.2　相关知识 ··· 73
　　2.4.3　任务实施 ··· 81
　　任务评价 ··· 88
　　课后拓展 ··· 88
　　小结 ··· 89
　　习题 ··· 89

项目3　设计驱动电源 ·· 91

项目简介 ··· 91
知识网络 ··· 91
学习要求 ··· 92

任务3.1　设计典型DC 5 V恒压电源 ·· 93
　　学习目标 ··· 93
　　素质拓展 ··· 93
　　实训设备 ··· 93
　　3.1.1　任务分析 ··· 93
　　3.1.2　相关知识 ··· 94
　　3.1.3　任务实施 ··· 102
　　任务评价 ··· 105
　　课后拓展 ··· 105

任务3.2　测试恒压电源 ·· 106
　　学习目标 ··· 106
　　素质拓展 ··· 106
　　实训设备 ··· 106

3.2.1　任务分析 ………………………………………………………………… 107
　　3.2.2　相关知识 ………………………………………………………………… 107
　　3.2.3　任务实施 ………………………………………………………………… 113
　任务评价 ……………………………………………………………………………… 114
　课后拓展 ……………………………………………………………………………… 115
任务3.3　设计典型恒流电源 …………………………………………………………… 116
　学习目标 ……………………………………………………………………………… 116
　素质拓展 ……………………………………………………………………………… 116
　实训设备 ……………………………………………………………………………… 116
　　3.3.1　任务分析 ………………………………………………………………… 116
　　3.3.2　相关知识 ………………………………………………………………… 117
　　3.3.3　任务实施 ………………………………………………………………… 123
　任务评价 ……………………………………………………………………………… 125
　课后拓展 ……………………………………………………………………………… 126
任务3.4　测试恒流电源 ………………………………………………………………… 127
　学习目标 ……………………………………………………………………………… 127
　素质拓展 ……………………………………………………………………………… 127
　实训设备 ……………………………………………………………………………… 127
　　3.4.1　任务分析 ………………………………………………………………… 128
　　3.4.2　相关知识 ………………………………………………………………… 128
　　3.4.3　任务实施 ………………………………………………………………… 129
　任务评价 ……………………………………………………………………………… 130
　课后拓展 ……………………………………………………………………………… 131
　小结 …………………………………………………………………………………… 131
　习题 …………………………………………………………………………………… 131

项目4　设计智能照明控制器 ………………………………………………………… 133

项目简介 ………………………………………………………………………………… 133
知识网络 ………………………………………………………………………………… 133
学习要求 ………………………………………………………………………………… 134
任务4.1　测试测光模块 ………………………………………………………………… 135
　学习目标 ……………………………………………………………………………… 135
　素质拓展 ……………………………………………………………………………… 135
　实训设备 ……………………………………………………………………………… 135
　　4.1.1　任务分析 ………………………………………………………………… 135
　　4.1.2　相关知识 ………………………………………………………………… 136
　　4.1.3　任务实施 ………………………………………………………………… 139
　任务评价 ……………………………………………………………………………… 140
　课后拓展 ……………………………………………………………………………… 140

任务 4.2　测试测温模块	141
学习目标	141
素质拓展	141
实训设备	141
4.2.1　任务分析	141
4.2.2　相关知识	142
4.2.3　任务实施	145
任务评价	146
课后拓展	147

任务 4.3　设计多路选择开关	148
学习目标	148
素质拓展	148
实训设备	148
4.3.1　任务分析	149
4.3.2　相关知识	149
4.3.3　任务实施	150
任务评价	151
课后拓展	151

任务 4.4　设计 PWM 信号发生器	153
学习目标	153
素质拓展	153
实训设备	153
4.4.1　任务分析	154
4.4.2　相关知识	154
4.4.3　任务实施	166
任务评价	171
课后拓展	171
小结	171
习题	172

项目 5　测试智能照明系统	175
项目简介	175
知识网络	175
学习要求	175

任务 5.1　搭建智能照明系统	176
学习目标	176
素质拓展	176
实训设备	176
5.1.1　任务分析	176

5.1.2　相关知识 …………………………………………………………… 177
　　5.1.3　任务实施 …………………………………………………………… 180
　任务评价 ………………………………………………………………………… 181
　课后拓展 ………………………………………………………………………… 181
任务5.2　测试智能照明系统 ……………………………………………………… 182
　学习目标 ………………………………………………………………………… 182
　素质拓展 ………………………………………………………………………… 182
　实训设备 ………………………………………………………………………… 182
　　5.2.1　任务分析 …………………………………………………………… 183
　　5.2.2　相关知识 …………………………………………………………… 183
　　5.2.3　任务实施 …………………………………………………………… 186
　任务评价 ………………………………………………………………………… 192
　课后拓展 ………………………………………………………………………… 192
　小结 ……………………………………………………………………………… 192
　习题 ……………………………………………………………………………… 193

项目 1

测试 LED 灯珠

项目简介

在电子产品设计和生产中,企业都要对各元器件进行来料检测。本项目以"智能照明"为背景,从 LED 参数测试入手,首先通过完成点亮 LED 灯珠、测试典型 LED 灯珠 V_F 值、测试 LED 电参数、测试 LED 灯珠光强分布、测试 LED 灯珠光谱分布等任务,掌握 LED 灯珠结构、发光原理、不同颜色 LED 灯珠的工作电压和工作电流、不同光谱的 LED 应用、LED 光强分布与灯具配光的关系等知识点,实现 LED 灯珠亮度调节、LED 混光等功能,为后续系统设计奠定基础。让读者初步掌握 LED 灯珠的特点和应用,初步掌握 LED 灯珠参数测试方法和技能。

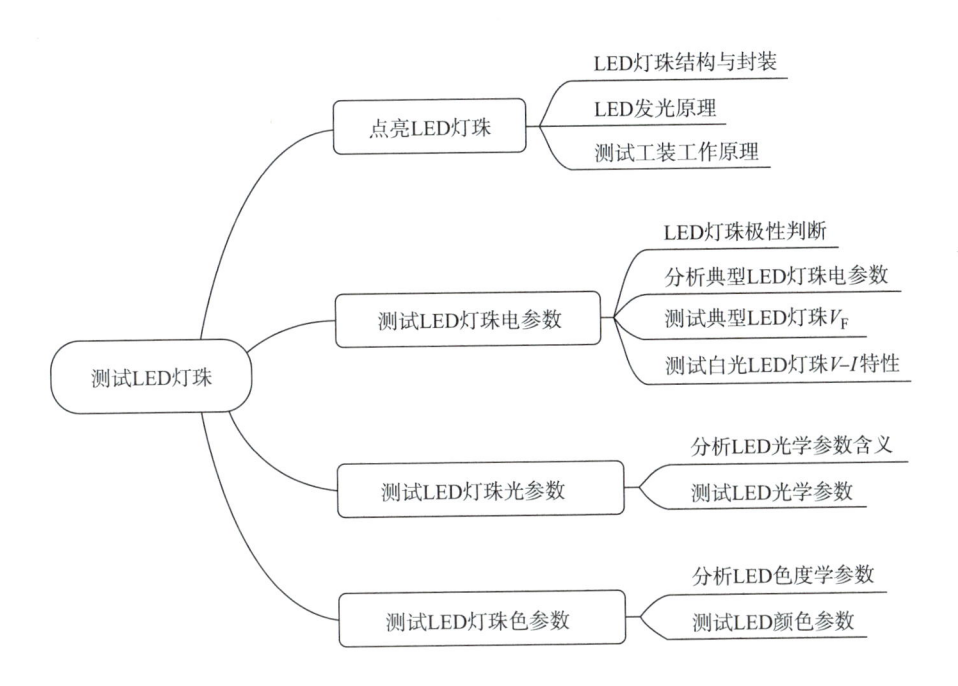

知识网络

测试LED灯珠
- 点亮LED灯珠
  - LED灯珠结构与封装
  - LED发光原理
  - 测试工装工作原理
- 测试LED灯珠电参数
  - LED灯珠极性判断
  - 分析典型LED灯珠电参数
  - 测试典型LED灯珠V_F
  - 测试白光LED灯珠V-I特性
- 测试LED灯珠光参数
  - 分析LED光学参数含义
  - 测试LED光学参数
- 测试LED灯珠色参数
  - 分析LED色度学参数
  - 测试LED颜色参数

学习要求

1. 根据课程思政目标要求，实现智能照明系统设计的不断优化，从而养成创新思维、追求卓越的工匠精神。

2. 在电子产品开发过程中，需要对关键电子元器件进行性能参数测试，掌握其典型应用，并对设计结果严格测试，用数据说话，养成规范、严谨的职业素养。

3. 通过"点亮LED灯珠""测试LED灯珠电参数""测试LED灯珠光参数""测试LED灯珠色参数"等任务实施中查找信息、阅读技术资料，以及资料选取与整合，培养信息获取和评价的基本信息素养。

4. 使用实训设备时，需要安全、规范操作设备，布线需要整洁、美观，工位保洁、工具归位，培养基本职业素质。

5. 在任务实施过程中，小组成员要相互配合，有问题及时沟通解决，培养良好的合作精神。

任务 1.1　点亮 LED 灯珠

学习目标

★ 了解白光 LED 的开启电压
★ 掌握 LED 的基本结构及各部分作用
★ 了解 LED 的不同封装及应用
★ 能分析 LED 的工作原理和发光过程
★ 能分析 LED 测试工装的工作原理
★ 会进行 LED 点亮测试

素质拓展

★ 科技创新

我国半导体照明行业年产值达到 7 000 亿元，实现年节电 2 800 亿度，减少碳排放 2.2 亿吨。LED 关键技术得到突破，硅衬底 LED 芯片及纯 LED 照明技术开创了国际上第三条 LED 技术路线，形成了硅衬底 LED 全产业链，解决了该技术领域的关键核心问题。

"十四五"规划将宽禁带半导体技术作为重要支持方向。《中共中央关于制定国民经济和社会发展第十四个五年规划和二〇三五年远景目标的建议》中将以 SiC 和 GaN 为代表的宽禁带半导体技术列为"十四五"期间需要强化的"国家战略科技力量"。

实训设备

（1）测试工装　　　　　　　　　1 套
（2）可调直流稳压电源　　　　　1 台
（3）数字万用表　　　　　　　　1 块

1.1.1　任务分析

照明使用的是白光 LED，白光 LED 的工作特性与普通指示 LED 不同。本任务主要是使用测试工装。如图 1.1 所示，通过调节电源电压（0～5 V），将可调电阻值调到最小，点亮 LED 灯珠，并测量 LED 灯珠的开启电压和电流、正常工作时的电压和电流。

3

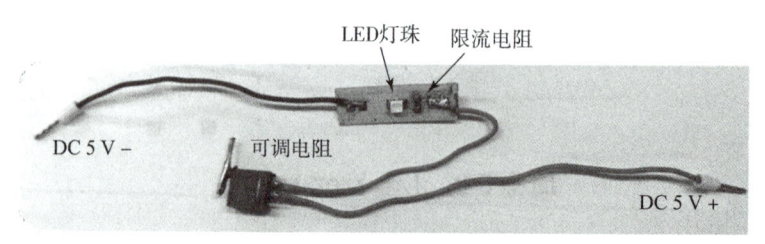

图 1.1　测试工装

1.1.2 相关知识

1. LED 灯珠

LED（Lighting Emitting Diode）即是发光二极管，是一种半导体固体发光器件。其利用固体半导体芯片作为发光材料，在半导体中通过载流子发生复合放出过剩的能量而引起光子发射。不同材料制成的发光二极管，发出不同颜色的光。由镓（Ga）、砷（As）、磷（P）的化合物制成的发光二极管中，有发红光的磷砷化镓（GaAsP）二极管、发绿光的磷化镓（GaP）二极管、发黄光的碳化硅（SiC）二极管。在此基础上，利用三基色原理，添加荧光粉，可以发出红、黄、蓝、绿、青、橙、紫、白色等任意颜色的光。

目前实现白光 LED 的方法主要有三种：蓝光 LED + YAG 黄色荧光粉、RGB 三色 LED、紫外 LED + 多色荧光粉，而白光 LED 的实现都是在封装环节。良好的工艺精度控制以及好的材料、设备是白光 LED 器件一致性的保证。

LED 与普通二极管一样，都是由一个 PN 结组成，同时具有单向导电性。

LED 不仅具有光源的一般特性，而且具有普通半导体二极管的特性。评价 LED 的性能应从光学、电学、热学、辐射安全、可靠性与寿命等方面来进行。

（1）LED 灯珠结构

LED 灯珠主要由支架、银胶、芯片、金线和环氧树脂 5 种物料所组成。典型 LED 结构如图 1.2 和图 1.3 所示。

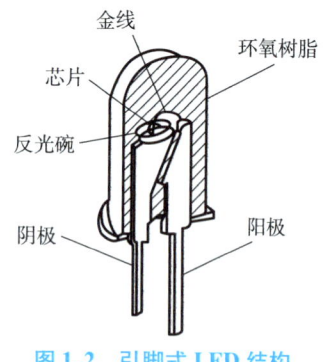

图 1.2　引脚式 LED 结构　　　　图 1.3　大功率 LED 结构

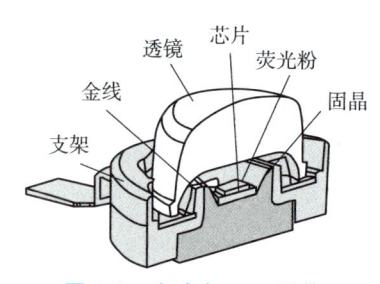

①支架。

支架作用：用来导电和支撑。

支架组成：LED 支架的基材为 0.4 mm 的铜或铁，冲压完成后电镀镍和银；也有的支架仅在功能区电镀一层银，其他部位镀锡。铜支架散热好，但是成本高。

②银胶。

银胶作用：固定芯片和导电。

银胶主要成分：银粉占 75%～80%、EPOXY（环氧树脂）占 10%～15%、添加剂占 5%～10%。

银胶使用：冷藏，使用前需解冻并充分搅拌均匀，因银胶放置长时间后，银粉会沉淀，如果不搅拌均匀，将会影响银胶的使用性能。

③芯片（Chip）。

芯片作用：芯片是 LED 灯珠的主要组成物料，是发光的半导体材料，用来发光。

芯片组成：芯片采用磷化镓（GaP）、镓铝砷（GaAlAs）或砷化镓（GaAs）、氮化镓（GaN）等材料组成，其内部结构具有单向导电性。

芯片结构：焊单线正极性（PN 结构）芯片，双线芯片；芯片的焊垫一般为金垫或铝垫；其焊垫形状有圆形、方形、十字形等。

芯片发光颜色：芯片的发光颜色取决于波长，常见可见光的分类见表 1.1。

表 1.1 常见颜色波长

序号	颜色	波长/nm
1	暗红色	700
2	深红色	640～700
3	红色	615～635
4	琥珀色	600～610
5	黄色	580～595
6	黄绿色	565～575
7	纯绿色	500～540
8	蓝色	450～480
9	紫色	380～430

白光和粉红光是一种光的混合效果，最常见的是由蓝光 + 黄色荧光粉和蓝光 + 红色荧光粉混合而成。

④金线。

金线作用：连接芯片与支架，并使其能够导通。金线纯度为 99.99% Au，延伸率为 2%～6%，金线的尺寸有 0.9 mil、1.0 mil、1.1 mil 等。

⑤环氧树脂。

环氧树脂作用：保护 LED 灯珠的内部结构，可稍微改变 LED 灯珠的发光颜色、亮度及角度；使 LED 灯珠成形。

封装树脂包括 A 胶（主剂）、B 胶（硬化剂）、DP（扩散剂）、CP（着色剂）四部分。主要成分为环氧树脂（Epoxy Resin）、酸酐类（酸水物，Anhydride）、高光扩散性填料

（Light diffusion）及热安定性染料（Dye）。

(2) LED 灯珠封装形式

LED 封装的功能是保护芯片，防止芯片在空气中长期暴露或机械损伤而失效，以提高芯片的稳定性；对于 LED 封装要求，具有良好的光取出效率和良好的散热性，进而提升 LED 的寿命。LED 封装形式主要有引脚式封装、表面贴装封装、功率型封装和 COB 型封装。

①引脚式封装。

LED 引脚式封装也叫直插式封装，典型封装如图 1.4 所示，是最先研发成功投放市场的封装结构，品种数量繁多，技术成熟度较高，封装内结构与反射层仍在不断改进。

LED 引脚式封装选用灌封的方式。灌封的过程，先在 LED 成型模腔内注入液态环氧树脂，然后装进 LED 支架，放入烘箱中进行烘烤，使环氧树脂固化，再将 LED 从模腔中脱离。

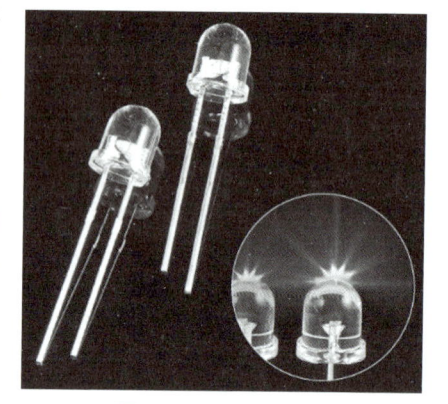

图 1.4　引脚式 LED

引脚式封装 LED 的光性能优良，工艺适应性好，产品可靠性高，成本低，有着较高的市场占有率。可做成有色透明或无色透明和有色散射或无色散射的透镜封装，不同的透镜形状构成多种外形及尺寸。圆形按直径，分为 $\phi 2$ mm、$\phi 3$ mm、$\phi 4.4$ mm、$\phi 5$ mm、$\phi 7$ mm 等，不同组成的环氧树脂可产生不同的发光效果。

②表面贴装封装/SMD。

表面贴装 LED 是贴于线路板外表的，适合 SMT 设备加工，可回流焊。其解决了亮度、视角、平整度、可靠性和一致性等问题，选用了更轻的 PCB 板和反射层材料，改善后去掉了直插式 LED 较重的碳钢材料引脚，使反射层需求填充的环氧树脂更少，体积减小，质量减小。常见表面贴装 LED 如图 1.5 所示。

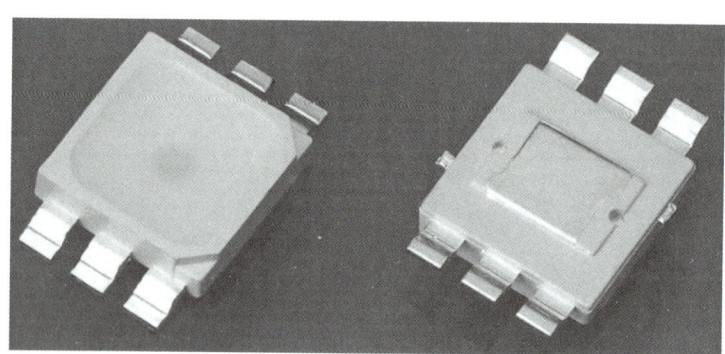

图 1.5　表面贴装 LED

③功率型封装。

为了取得高功率、高亮度的 LED 光源，在 LED 芯片及封装方面向大功率方向发展，数瓦级功率的 LED 封装已呈现。在大电流下，产生比直插式 LED 大 10~20 倍的光通量，必须采用有效的散热来解决光衰问题。典型功率型封装 LED 如图 1.6 所示。

图1.6 功率型LED

在应用中,可将已封装产品组装在一个带有铝夹层的金属芯PCB板上,形成功率密度LED。PCB板作为器件电极连接的布线之用;铝芯夹层则可作热沉使用,获得较高的发光通量和光电转换效率。

功率型LED的热特性直接影响到LED的工作温度、发光效率、发光波长、使用寿命等,因此,对功率型LED芯片的封装设计、制造技术更显得尤为重要。

④COB型封装。

COB封装的LED模块在底板上安装了多枚LED芯片,使用多枚芯片不仅能够提高亮度,还有助于实现LED芯片的合理配置,降低单个LED芯片的输入电流量以确保高效率。而且这种面光源能在很大程度上扩大封装的散热面积,使热量更容易传导至外壳。这种通过基板直接散热,不仅能减少支架的制造工艺及其成本,还具有减少热阻的散热优势。COB型封装有模块型、导光板型、聚光型、反射型等。典型的COB型封装如图1.7所示。

图1.7 COB型LED

从成本和应用角度来看,COB成为未来光源设计的主流方向。在应用上,COB光源模块可以使照明灯具厂的安装和生产更简单、方便。在生产上,现有的工艺技术和设备完全可以支持COB光源模块的大规模制造。随着LED照明市场的拓展,灯具需求量在快速增长,完全可以根据不同灯具应用的需求,逐步形成系列COB光源模块主流产品,以便大规模生产。

2. LED 发光原理

LED 灯珠核心部分是由 P 型半导体和 N 型半导体组成的芯片，在 P 型半导体和 N 型半导体之间有一个过渡层，称为 PN 结。

在 PN 结中，其 P 区的空穴（载流子包括电子和空穴、电子带负电、空穴带正电）浓度远大于 N 区。由于电流注入产生的少数载流子是不稳定的，当正向电压施加于 PN 结两端时，注入价带中的非平衡空穴与导带中的电子复合，饱和后，多余的能量则以光的形式向外辐射，从而把电能直接转换为光能。PN 结加反向电压，少数载流子难以注入，故不发光。LED 发光模型如图 1.8 所示。

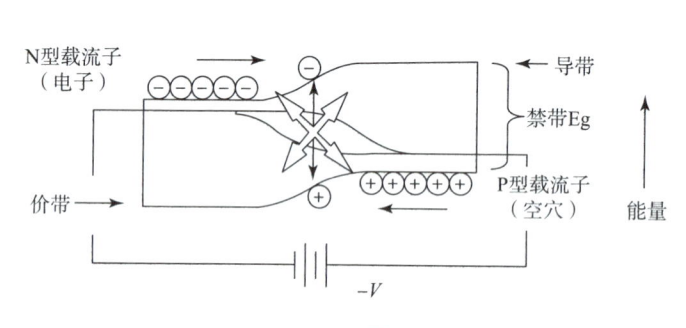

图 1.8　LED 发光原理模型

LED 基本的工作原理是一个电光转换的过程，当处于正向工作状态时（即两端加上正向电压），电流从 LED 阳极流向阴极时，通常禁带宽度越大，辐射出的能量越大，对应的光子具有较短的波长；反之，具有较长的波长。因此，由于半导体晶体禁带宽度的不同，就发出从紫外到红外不同颜色、不同强度的光线。

LED 因其使用的材料不同，其中电子和空穴所占的能级也不相同。能级的高低差影响电子和空穴复合后光子的能量，从而产生不同波长的光，也就是不同颜色的光。为了提高 LED 的发光效率，应尽量减少产生无辐射复合中心的晶格缺陷和杂质浓度，减少无辐射复合过程。虽然不同材料制备的 LED 芯片结构不同，发出的光色和发光情况不同，但基本原理相近。

LED 电学特性：$I-V$ 特性、$C-V$ 特性。

LED 光学特性：光谱响应特性、发光光强指向特性、时间特性及热学特性。

3. 测试工装

测试工装主要由可调电阻、LED 灯珠、限流电阻构成，实物如图 1.1 所示。LED 测试电路如图 1.9 所示。通过调整电源为 0~5 V，当输入电压大于 LED 开启电压时，LED 开始发光，随着输入电压增加，亮度提高。电阻 R_1 在电路中具有限流、保护电路的作用。

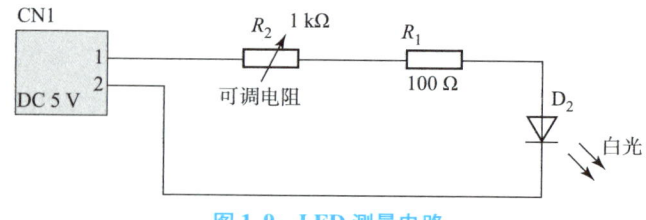

图 1.9　LED 测量电路

1.1.3 任务实施

1. 注意事项

①将可调电阻调到最小值，直流稳压电源输出电压调节范围为 0～5 V，输入电压不能超过 5 V，否则，烧坏 LED 灯珠。

②要按照任务电路连接电路，电源正、负极不能接反，否则，LED 灯珠不亮。

③测试过程切记安全操作，防止短路，烧坏模块。

④测试完毕后，整理工位，保持环境整洁。

2. 操作步骤

根据任务分析结果，实施任务，按照以下步骤操作。

①将可调电阻值调到最小值，用数字万用表测量，阻值接近 0，如图 1.10 所示。

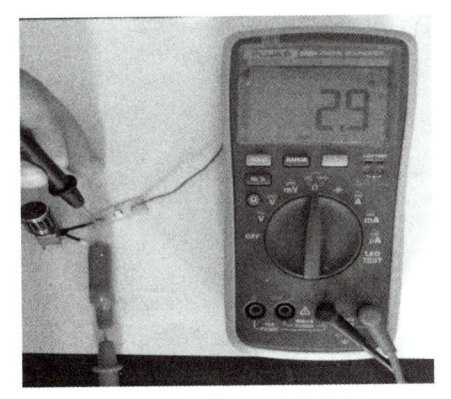

图 1.10　可调电阻阻值测量

②直流稳压电源输出电压调整到最小值，输出电压大约为 0，如图 1.11 所示。

图 1.11　最小输出电压

③正确连接直流稳压电源和测试工装线路，直流稳压电源正极（红）接可调电阻，负极（黑）接 LED 灯板，如图 1.12 所示。

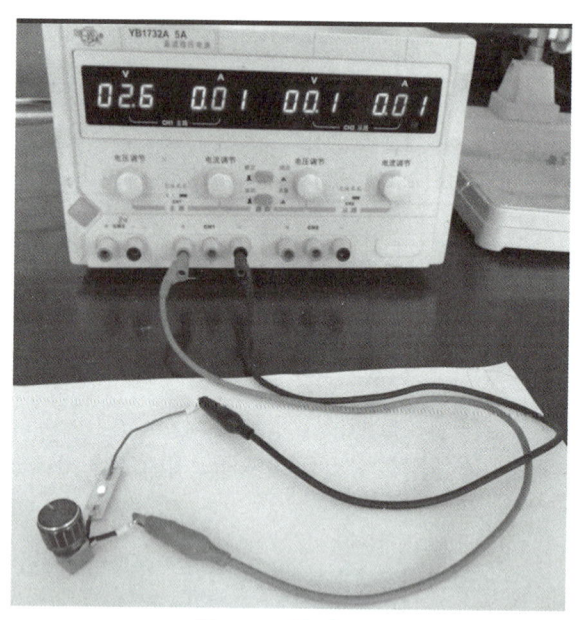

图1.12 线路连接

④调节电源电压，观察 LED 发光情况。当 LED 开始发光时，使用万用表测量 LED 灯珠两端电压，该电压记作 LED 开启电压；并测量 R_1 两端电压，计算 R_1 上电流，填写表1.2。

⑤继续调节输入电压，当 R_1 电压为 2 V 时，测量 LED 两端电压，该电压记作 LED 正常工作电压，计算 R_1 上电流，填写表1.2。

点亮 LED 灯珠

表1.2 LED 参数表

工作状态	开启	正常
电压/V		
电流/mA		

任务评价

任务评价表

序号	评价类型	赋分	评价指标	分值	得分 自评	得分 互评	得分 教师评
1	职业能力	60	线路连接正确	20			
			输入电源调节正确	10			
			测试参数完整	10			
			测试参数正确	20			

续表

序号	评价类型	赋分	评价指标	分值	得分 自评	得分 互评	得分 教师评
2	职业素养	20	敬业精神，遵守纪律	5			
			沟通协作，问题解决	5			
			操作规范性，安全意识	5			
			创新思维，方案优化	5			
3	劳动素养	10	任务按时完成，填写认真	3			
			工位整洁，工具归位	5			
			任务参与度，工作态度	2			
4	思政素养	10	思政素材学习情况	5			
			对"爱国、自信"认识程度	5			
			总分				

课后拓展

思考与讨论

（1）LED正常发光必须满足哪些条件？

（2）简要描述LED发光过程。

任务 1.2 测试 LED 灯珠电参数

学习目标

★ 理解白光 LED 的关键电参数的含义
★ 了解不同颜色 LED 工作电压的区别
★ 掌握 LED 的 $V-I$ 特性
★ 掌握 LED 极性判断方法
★ 能对 LED 的 $V-I$ 参数进行测量
★ 能分析 LED 的 $V-I$ 关系，并绘制对应曲线

素质拓展

★ "实事求是"的科学态度

钟南山院士是一个严谨求实的科学工作者，他具有为人民服务的崇高理想，具有实事求是的科学精神。早在留学英国的时候，他就决定开展关于吸烟与健康问题的研究。为了取得可靠的资料，他让皇家医院的同事向他体内输入一氧化碳，同时不断抽血检验。当一氧化碳浓度在血液中达到 15% 时，同事们都不约而同地叫嚷："太危险了，赶快停止！"但他认为这样还达不到实验设计要求，咬牙坚持到血红蛋白中的一氧化碳浓度达到 22% 才停止。实验最终取得了满意效果，但钟南山却几乎晕倒。要知道，这相当于正常人连续吸 60 多支香烟，还要加上抽 800 mL 的鲜血。

在 2003 年抗击 SARS 战斗中，钟南山更是这样。他坚持实事求是，不畏权威，勇敢地对"衣原体之说"提出质疑，促成广东省决策层坚持和加强了原来的防治措施，这也是广东省取得 SARS 患者病死率最低、治愈率最高的很重要的原因。钟南山实事求是敢探索的小故事，充分表现出了一个科学家应有的良知和勇气。

实训设备

（1）测试工装　　　　　　　　　　1 套
（2）可调直流稳压电源　　　　　　1 台
（3）数字万用表　　　　　　　　　1 块

1.2.1 任务分析

LED 灯珠电性能参数是关键参数，电参数测试是 LED 测试的重要项目，本任务主要学

习 LED 电性能参数含义和参数测试方法。白光 LED 的电参数主要有工作电压，工作电流和功率。LED 的 $V-I$ 曲线是其重要特性体现，研究 LED 灯珠 $V-I$ 曲线具有重要意义。使用专用测试工装，通过调节电路中可调电阻大小，改变 LED 工作电流，测量 LED 在不同电流时，对应的电压，在图 1.13 坐标系中绘制 $V-I$ 特性曲线。

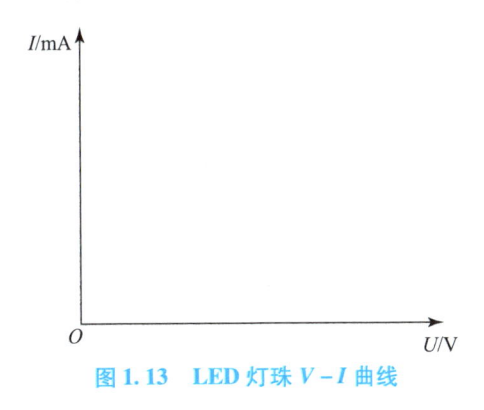

图 1.13　LED 灯珠 $V-I$ 曲线

1.2.2　相关知识

1. LED 灯珠电参数

测试典型 LED 灯珠 V_F

LED 灯珠的主要电参数包括正向工作电流 I_F、正向工作电压 V_F、$V-I$ 特性和极限参数。

（1）正向工作电流 I_F

LED 灯珠额定电流各不相同，I_F 指 LED 正常发光时的正向电流值，在实际使用中应根据需要选择 I_F 在 $0.6I_{FM}$ 以下。

小功率 0.06 W 的 LED 灯珠额定电流一般为 20 mA。

中功率 0.2 W 的 LED 灯珠额定电流为 60～65 mA，0.5 W 的 LED 灯珠额定电流为 150 mA。大功率 1 W 的 LED 灯珠额定电流为 350 mA。

一般 LED 在反向电压 $V_R=5$ V 的条件下，反向电流 $I_R \leqslant 10$ μA。

（2）正向工作电压 V_F

不同颜色的 LED 在额定的正向电流（一般是在 $I_F=20$ mA）下，正向压降值不同。

红色、黄色：1.8～2.5 V，绿色、蓝色：2.7～4.0 V。

LED 正向工作电压 V_F 在 1.4～3 V，在外界温度升高时，V_F 将下降。

对于不同颜色的 LED，其正向压降和光强也不完全一致，见表 1.3。

表 1.3　不同颜色的 LED 参数

发光颜色	外观颜色	波长 λ_D /nm	正向电压 V_F /V	亮度 I_V /mcd	备注
红色	水透明	645～660	1.8～2.5	50～300	$I_F=20$ mA
黄绿色	水透明	570～575	1.8～2.5	50～300	$I_F=20$ mA
黄色	水透明	585～590	1.8～2.5	50～300	$I_F=20$ mA

续表

发光颜色	外观颜色	波长 λ_D /nm	正向电压 V_F /V	亮度 I_V /mcd	备注
蓝色	水透明	455~475	2.7~4.0	500~7 000	I_F = 20 mA
绿色	水透明	515~535	2.7~4.0	2 000~10 000	I_F = 20 mA
白色	水透明	—	2.7~4.0	3 000~15 000	I_F = 20 mA

在同一电路中,应该尽量使用在额定电流条件下正向压降值相同、光强范围小的 LED,只有这样,才能保证 LED 的发光效果一致。其具体的电性能参数可参考各封装厂提供的产品分光参数标签值。

(3) $V-I$ 特性

在正向电压正小于某一值(叫阈值)时,电流极小,不发光;当电压超过某一值后,正向电流随电压迅速增加,发光。

$V-I$ 特性曲线如图 1.14 所示。

①正向死区(图中 Oa 或 Oa' 段):a 点对于 V_0 为开启电压。

②正向工作区:电流 I_F 与外加电压呈指数关系。

$I_F = I_S[V_F/(KT) - 1]$,I_S 为反向饱和电流。

当 $V > 0$ 时,$V > V_F$ 的正向工作区 I_F 随 V_F 指数上升,$I_F = I_S V_F/(KT)$。

由 $V-I$ 曲线可以得出发光管的正向电压、反向电流及反向电压等参数。正向的发光管反向漏电流 $I_R < 10$ μA。

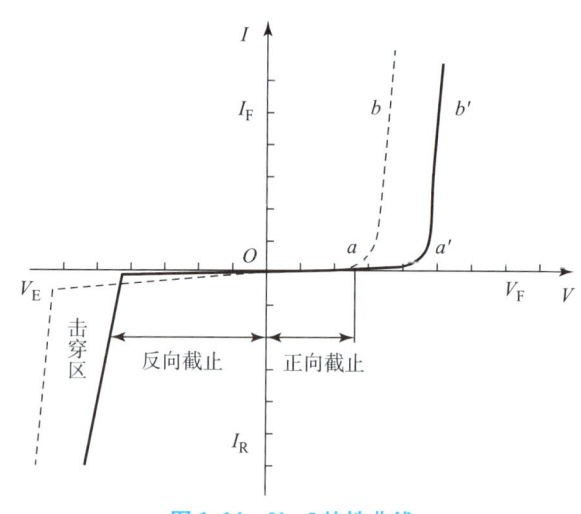

图 1.14 $V-I$ 特性曲线

(4)极限参数

极限参数是为了保证 LED 在照明电路中能正常、安全地工作,对其功耗、电流和反向电压等关键参数进行限制。

①允许功耗 P_M。

允许加于 LED 两端正向直流电压与流过的电流之积的最大值。超过此值,LED 发热、损坏。

②最大正向直流电流 I_{FM}。

允许加的最大的正向直流电流。超过此值，可损坏二极管。

③最大反向电压 V_{RM}。

所允许加的最大反向电压。超过此值，发光二极管可能被击穿损坏。

④工作环境 T。

发光二极管可正常工作的环境温度范围。低于或高于此温度范围，发光二极管将不能正常工作，效率大大降低。

表1.4所列为典型小功率60 mW的LED灯珠在25 ℃环境中的工作极限参数。从该表中可以看出，极限参数比正常工作参数稍高，是LED工作的极大值。

表1.4 某LED最大绝对标称值（环境温度25 ℃）

参数	缩写	标称值	单位
消耗功率	P_d	80	mW
顺向电流	I_F	30	mA
顺向峰值电流	I_{FP}	100	mA
反向电压	V_R	5	V
焊接温度	T_{SOL}	回流焊：260 ℃，10 s；手工焊接：300 ℃，3 s	
使用温度	T_{opr}	−30 ~ 85 ℃	
存储温度	T_{stg}	−40 ~ 85 ℃	

LED属于恒流型元器件，避免用恒电压方式点亮LED。特别在单灯并联线路设计中，应保持各单颗LED灯珠驱动电流恒定，否则会产生颜色、亮度不一致。当环境温度升高，LED结温上升，使内阻减小，恒压供电则使LED电流升高，影响其寿命，严重的使LED"烧坏"，故最好用恒流源供电，以保证LED持久工作可靠性。

2. LED灯珠极性判断

LED灯珠极性判断方法有很多种，下面给出常用的观察法和测试法的操作原理及步骤。

（1）观察法

通过观察不同封装的LED灯珠，根据其特征进行判断。

①引脚式封装。

引脚比较长的是正极，引脚短的是负极，如图1.15所示。

②表面贴封装/SMD。

有缺角的是负极，另一端为正极，如图1.16所示。

焊盘大的一端为负极，焊盘小的一端为正极。

③功率型封装。

看灯珠引脚上的标识，标识为"−"表示负极，标识为"+"表示正极，如图1.17所示。

LED 电参数和极性判断

图1.15 引脚式正负极标识

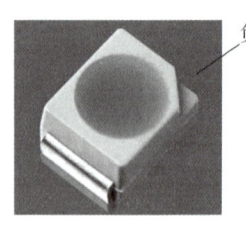

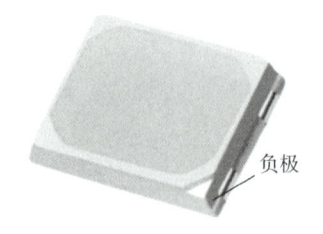

图1.16 缺口式正负极标识　　　　　　　图1.17 功率型正负极标识

（2）测量法

通过万用表测试，把万用表调节到二极管挡位。LED发光时，红表笔接的一端是正极，如图1.18所示。

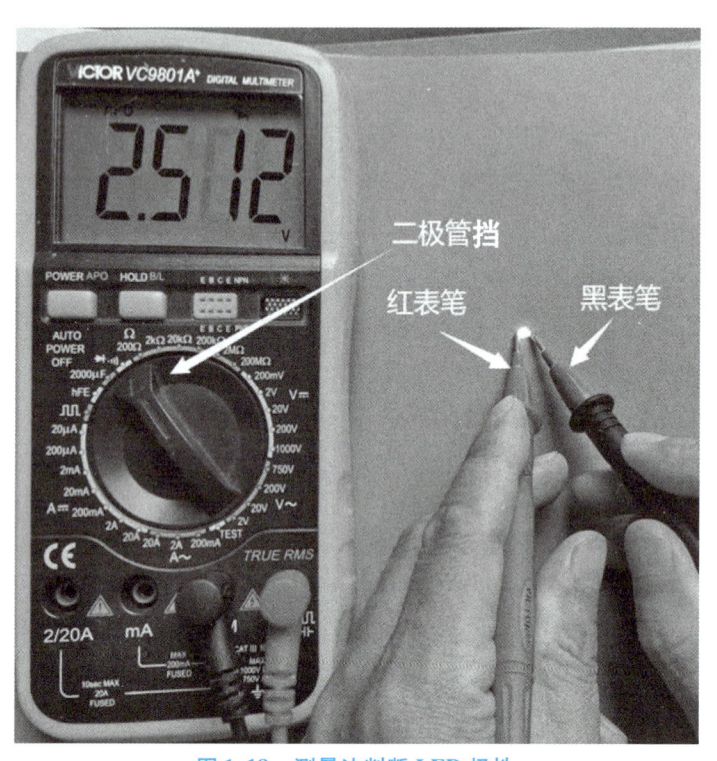

图1.18 测量法判断LED极性

1.2.3 任务实施

1. 注意事项

①直流稳压电源输出电压为5 V。
②要按照任务电路连接电路，电源正负极不能接反；否则，LED光源不亮。
③测试过程中防止短路，烧坏模块。
④不要随意调节可调电阻器。

2. 操作步骤

根据任务分析结果，实施任务，按照以下步骤操作。

①直流稳压电源旋钮，输出 5 V 电压，如图 1.19 所示。

图 1.19　调节电压

②调节测试工装上的可调电阻旋钮，测量限流电阻 R_1 上的最大电压，如图 1.20 所示，计算电路中的最大电流 I_{max}，根据测试工装原理图（图 1.9），工作电流计算公式见式（1.1）。

$$I = \frac{U}{R} = \frac{U_{R_1}}{R_1} = \frac{U_{测}}{100} = 10 U_{测}(\text{mA}) \tag{1.1}$$

图 1.20　测量最大电压

③测量限流电阻 R_1 上的最小电压，如图 1.21 所示，计算最小电流 I_{min}。

④在 I_{max} 和 I_{min} 之间等间隔测量 10 组数据，分别记录正向电压和正向电流；或者在 0 ~ I_{max} 中间等间距测量 10 组数据。

测试记录表见表 1.5。

测试 LED 电参数

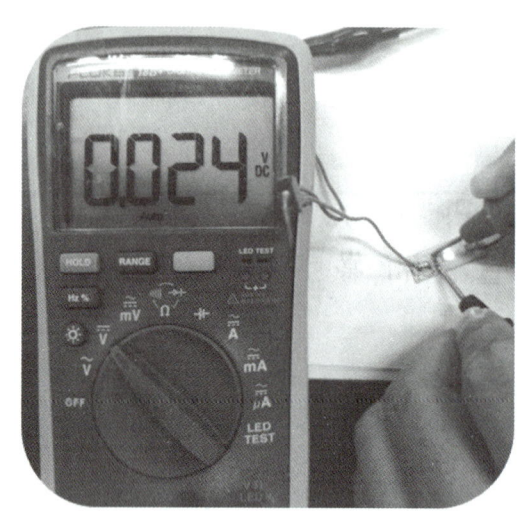

图 1.21 测量最小电压

表 1.5 测试记录表

序号	1	2	3	4	5	6	7	8	9	10
U/V										
I/mA										

⑤根据已测参数，使用描点法，在图 1.13 中绘制 $V-I$ 特性曲线。

任务评价

任务评价表

序号	评价类型	赋分	评价指标	分值	自评	互评	教师评
1	职业能力	60	线路连接正确	10			
			输入电源调节正确	10			
			测试参数分档合理、完整	10			
			参数测试正确	15			
			图形绘制规范	15			
2	职业素养	20	敬业精神，遵守纪律	5			
			沟通协作，问题解决	5			
			操作规范性，安全意识	5			
			创新思维，方案优化	5			

续表

序号	评价类型	赋分	评价指标	分值	得分 自评	得分 互评	得分 教师评
3	劳动素养	10	任务按时完成,填写认真	3			
			工位整洁,工具归位	5			
			任务参与度,工作态度	2			
4	思政素养	10	素质拓展材料学习情况	5			
			对"实事求是"的科学态度认识程度	5			
			总分				

课后拓展

思考与讨论

(1) 不同颜色 LED 灯珠的正常工作电压有何不同?

(2) 工作电流决定了 LED 灯珠的发光强度,那么如何保证 LED 的工作电流?

(3) 简要说明测试工作中限流电阻 R_1 的作用。

任务 1.3　测试 LED 灯珠光参数

学习目标

★ 了解光学参数应用的意义
★ 掌握 LED 关键光学参数的含义
★ 了解 LED 光强测试设备 LED620 测试原理
★ 能使用 LED620 测试 LED 灯珠光强分布
★ 能看懂 LED 配光曲线，并对所测试参数进行分析

素质拓展

★ 科技兴国

设备操作规程是为保障仪器设备安全运行和保持良好的工作状态，操作人员需要掌握操作技能的技术性规范。

设备操作规程的内容是根据设备的结构运行特点，以及安全运行等要求，对操作人员在全部操作过程中必须遵守的事项、程序及动作等作出规定。一般包括以下内容：
1. 操作设备前对现场清理和设备状态检查的内容与要求；
2. 操作设备必须使用的工器具；
3. 设备运行的主要参数；
4. 常见故障的原因及排除方法；
5. 开始的操作程序和注意事项；
6. 润滑的方式和要求；
7. 点检、维护的具体要求；
8. 停止的程序和注意事项；
9. 安全防护装置的使用和调整要求；
10. 交、接班的具体工作和记录内容。

操作人员应该认真执行设备操作规程，可保证设备正常运转，减少故障，防止事故发生。

实训设备

（1）小功率 LED 灯珠 ϕ5 mm　　　　　　　　1 个
（2）LED 光强分布测试仪 LED620　　　　　　1 台
（3）计算机　　　　　　　　　　　　　　　　1 台
（4）LED 光参数测试软件　　　　　　　　　　1 套

1.3.1　任务分析

LED 灯珠光性能参数是关键参数，光参数测试是 LED 测试的重要项目，本任务主要学习 LED 光性能参数和参数测试方法。使用 LED620 测试 LED 灯珠光强分布，分析配光曲线，如图 1.22 所示，根据分析结果，给出光性能评价。

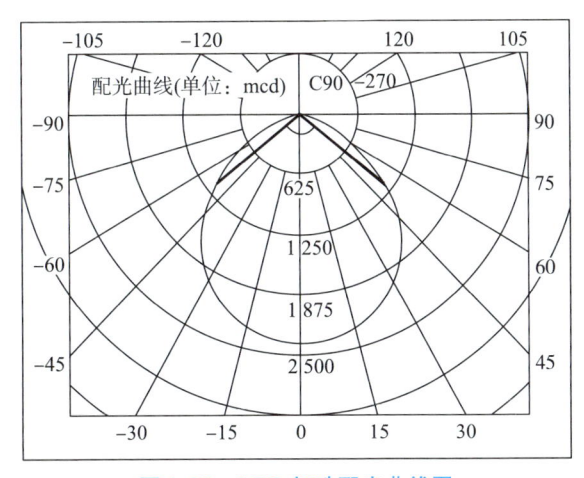

图 1.22　LED 灯珠配光曲线图

1.3.2　相关知识

1. 光学参数

LED 灯珠关键光学参数主要包括光通量、光强、发光角度和光效等，各参数对 LED 光性能从不同方面进行描述，下面分别对各光学参数进行介绍。

（1）光通量（Φ）［流明（lm）］

发光体每秒钟所发出的光量总和，即光通量。大功率 LED 通常采用此项指标。

光通量是辐射通量以光谱光视函数 $V(\lambda)$ 为权重因子的对应量。设波长为 λ 的光的辐射通量为 $\Phi_e(\lambda)$，则对应波长的光通量为：

$$\Phi(\lambda) = K_m \cdot V(\lambda) \cdot \Phi_e(\lambda) \tag{1.2}$$

式中，K_m 为比例系数，是波长为 555 nm 的光谱光视效率，也叫最大光谱光视效率，由 Φ_e 和 Φ 的单位决定。光通量的单位为流明，K_m = 683 lm/W。

复色光的光通量是对所有波长的光通量求和：

$$\Phi_v = \int_{380}^{780} \Phi(\lambda) d\lambda = 683 \int_{380}^{780} V(\lambda) \cdot \Phi_e(\lambda) d\lambda \tag{1.3}$$

（2）光强（I）［坎德拉（cd）］

发光强度简称光强，为指定方向上的单位立体角所发射出的光通量，单位为坎德拉（Candela，cd）。小功率 LED 通常采用此项指标。

（3）发光角度（θ）［度（°）］

LED 灯珠光参数

又称功率角度，通常使用半功率角度，即50%发光强度时的角度。当然，也使用60%、80%甚至90%的角度，这取决于不同的应用面。

（4）光效［流明/瓦（lm/W）］

光源所发出的总光通量与该光源所消耗的电功率（W）的比值，称为该光源的光效。光效是衡量光源节能的重要指标。光效值越高，表明照明器材将电能转化为光能的能力越强，即在提供同等亮度的情况下，该照明器材的节能性越强；在同等功率下，该照明器材的照明性越强，即亮度越大。

2. 测试设备 LED620

（1）LED620 的功能

LED620 的测试功能主要是测量 LED 的光电性能参数，包括：

★ 正向电压（设定工作电流）、正向电流、反向击穿电压（设定反向漏电流）和反向漏电流（设定反向电压）。

★ LED 空间光强分布曲线、等效光通量、光束角。

★ LED 正向电压、光强随正向电流的变化曲线。

（2）LED620 的结构

LED620 是一款箱式测试设备，主要由探测器和 LED 灯珠安装装置构成，设备结构如图 1.23 所示。

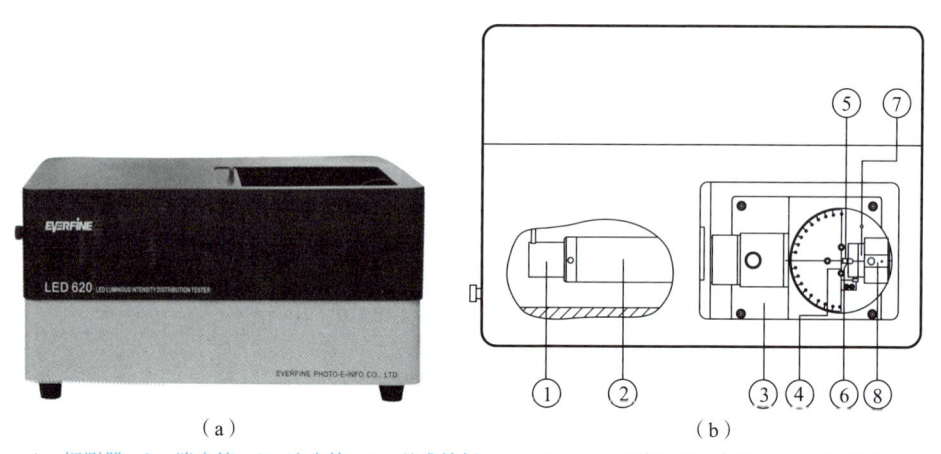

1—探测器；2—消光筒；3—遮光筒；4—基准挡板；5—LED；6—压板；7—夹具；8—LED 灯座。

图 1.23 LED620 结构图

（a）LED620 实物；（b）LED620 主机的俯视图

1.3.3 任务实施

1. 注意事项

①LED 灯珠测试时，LED 灯珠极性不要装反。

②LED 驱动电流设置不能超出范围。

③测试距离设置要正确，挡板使用完毕后要移开。

④测试结束后，清洁桌面和地面，整理工具。

2. 操作步骤

（1）LED 灯珠安装

建议：为保持设备表面整洁和 LED 光度测量的准确性，在安装操作时，请佩戴手套进行操作。

第 1 步：将 LED 安装在压板上。

先将 LED 固定在 LED 压板上（仪器出厂前已配有 φ5 mm LED 压板），LED 从压板前面穿入。压板的作用是在安装 LED 时，将 LED 的光学中心置于光轴上。

第 2 步：将压板固定在夹具上。

安装完成后，用所配的螺丝将压板固定在夹具上。

注：如果需测试其他规格的 LED，可自行制作压板和灯座夹具。

第 3 步：将夹具安装在 LED 灯座上，扶住灯座，将 LED 引脚插入灯座的引脚插入孔内。请注意 LED 极性，不要插反，否则测试将无法正常进行。

第 4 步：调节 LED 的位置，松开灯座一侧的滚花螺钉，翻起基准挡板，调节 LED 的前后位置，使 LED 刚好和挡板接触，然后拧紧滚花螺钉，放下挡板。

至此，LED 安装完毕，盖上机箱盖就可以进行测试了。

注：仪器每次开机时，灯座都会自动进行复位操作，即自动调整到初始零点的位置。

（2）测试前的准备

①安装 LED 和调整探头位置，盖好机箱盖。

②启动"LED itest"应用软件，在"文件"菜单下单击"新建"命令，或者单击工具条上的按钮，将弹出"新建"对话框，如图 1.24 所示。

图 1.24 "新建"对话框

③选择需测试的项目，单击"确定"按钮进行相应的测试。

（3）LED 光强分布测试

1）参数设置。

选择"LED 光强分布测试"，单击"确定"按钮，弹出"选项"对话框，如图 1.25 所示。

◀ 光强分布扫描设置

在"光强分布扫描设置"栏中输入相关光强测试信息，具体设计如下。

★ 通信串行口：可以根据实际的硬件连接情况选择正确的通信接口。

★ 间隔角度：根据指标设置间隔角度。扫描间隔角度越小，测量结果越准确，但测量时间也越长。

★ 角度范围：±10°~±90°。

测试 LED 灯珠光强分布

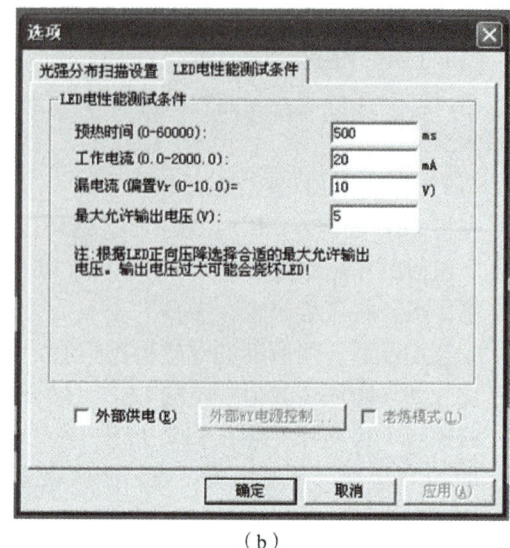

图 1.25 测试设置
(a) 光强分布扫描设置；(b) LED 电性能测试条件

★ 测试条件：CIE 条件 A 或条件 B（测试距离会根据选择自动改变）。
★ 光强修正 K：一般都默认设为 1。
★ 脱机演示模式：在不接仪器的情况下，选中此项可进行演示测试。
◀ LED 电性能测试条件

如图 1.25（b）所示，在"LED 电性能测试条件"栏中输入相关电参数测试信息，这些信息将影响测试结果，请务必正确输入。

★ LED 预热时间：0~9 999 ms。
★ 工作电流：0.1~1 000.0 mA。
★ 漏电流：在偏置电压 0~10 V 的范围内测量漏电流。
★ 最大允许输出电压：最大设定值为 10 V。

注：请输入合适的最大允许输出电压，避免因为电压过高，导致 LED 被烧坏。

★ 外部供电（选项，需定制）：选中此功能，LED 供电电源由外部输入，进行光强分布曲线测试时，电参数为手动输入，电压光强曲线和电性能参数测试功能自动失效。

设置完毕后，单击"确定"按钮，软件主界面中出现四个窗口，分别为光强分布曲线极坐标图、光强分布曲线直角坐标图、三维光强分布图以及光强和光强分布数据表，如图 1.26 所示。其中，三维光强分布图有点、线、面三种表示方式，可单击此窗口工具条上的按钮进行切换。

◀ LED 灯珠电测试参数设置

选择"操作"菜单，单击"测试"，或者单击工具条上的按钮，会出现"电性能参数"对话框（第 1 次测试时），以便确认电参数的设置是否合适，如图 1.27 所示。单击"确定"按钮后，弹出"C 平面角度"（LED 绕光轴自转的角度）对话框，如图 1.28 所示。

◀ 测试 C 平面角度设置

打开机箱盖，手动转动 LED 插座到一定角度，并在图 1.28 中"输入 C 角度"框中输入

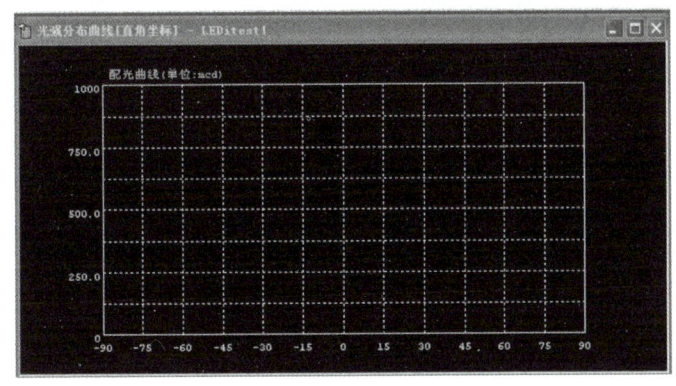

图 1.26 光强测试界面

图 1.27 "电性能参数"对话框

图 1.28 "C 平面角度"对话框

相同的角度，盖上机箱盖。

注：①如果是第 1 次测量或者测试状态已改变（如测试条件、通信口连接等），请先进行测试设置，然后进行测试。如果测试状况未改变，可以直接单击进行测试，不必再进行测试前的参数设置。

②如需修改设置，可单击"操作"菜单下的"设置"，或者单击工具条上的按钮。完成一次测试后，不能修改设置，需重建一个进行测试。

2）参数测试。

"C 平面角度"对话框中的参数设置完毕后，单击"确定"按钮，仪器自动进行光强测试。测试完毕后，极坐标、直角坐标上显示的曲线为最后一次测试的曲线，要看其他平面的曲线图，可在"光强分布数据"窗口单击相应的平面，如单击"C60 – 240"，则显示 LED 转动 60°时的平面曲线。若要观看所有平面的曲线图，可在"查看"菜单下选择"全部显示"。

若想修改测试报告中的除测试数据外的有关信息，可选择"查看"菜单，单击"产品信息"，在弹出的对话框中修改有关信息，如图 1.29 所示。

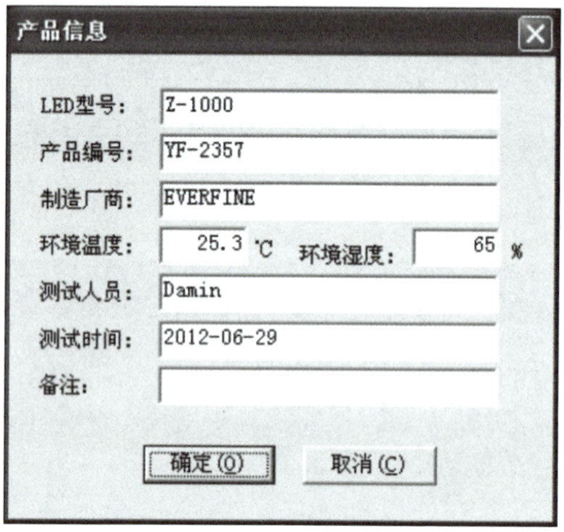

图 1.29 "产品信息"对话框

可根据需要打印所有的测试数据，在"文件"菜单下单击"打印"，打印报告，即可将当前显示的测试结果输出到打印机上。

3）测试数据处理。

测试完毕后，可输出测试图形和光学数据，测试配光曲线图如图 1.30 所示。

光学参数（CIE A）：

平均光强扩散角 $\theta(50\%)$：101.8°。

最大光强 I_{max} = 2 694 mcd（C = 0°，G = 3.2°）。

C0 – 180 平面 I_{max} = 2 694 mcd（G = 3.2°），I_0 = 2 685 mcd。

数据分析：

从以上测试图形和数据可以看出：①该 LED 灯珠是散射型的，适合做平板灯、日光灯、吸顶灯等；②该灯的最大光强在 0°，该灯珠的配光比较理想。

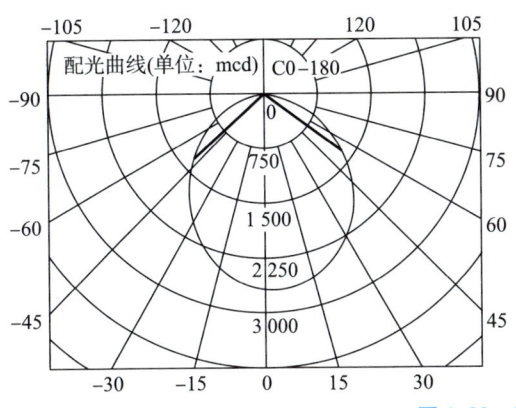

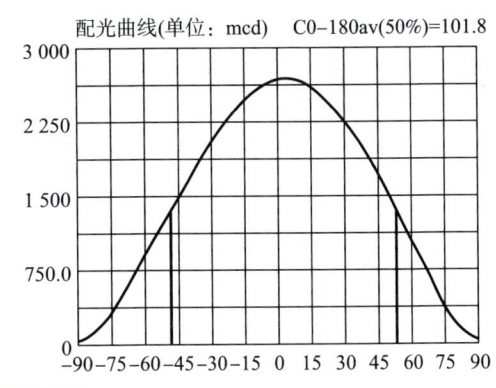

图 1.30　配光曲线图

任务评价

任务评价表

序号	评价类型	赋分	评价指标	分值	自评	互评	教师评
1	职业能力	60	LED 灯珠安装正确	10			
			软件设置正确	10			
			参数测试正确	20			
			数据分析合理性	20			
2	职业素养	20	敬业精神，遵守纪律	5			
			沟通协作，问题解决	5			
			操作规范性，安全意识	5			
			创新思维，方案优化	5			
3	劳动素养	10	任务按时完成，填写认真	3			
			工位整洁，工具归位	5			
			任务参与度，工作态度	2			
4	思政素养	10	思政素材学习情况	5			
			对"规范化操作设备"认识程度	5			
			总分				

课后拓展

思考与讨论

（1）LED 灯珠发光角度和 LED 灯具的关系是什么？

（2）简要说明不同发光角度 LED 的应用。

任务 1.4　测试 LED 灯珠色参数

学习目标

★ 了解色度学参数应用的意义
★ 掌握 LED 关键色度学参数的含义
★ 了解 LED 光色电测试系统的测试原理
★ 能使用 LED 光色电测试系统测试 LED 灯珠色参数
★ 能分析 LED 灯珠色参数性能指标

素质拓展

★ 科技兴国
"课程思政"链接

> 融入点：LED 色温　思政元素：职业素养——"蓝光"在生产中安全应用
>
> 　　蓝光属于光谱里的短波光，其波长处于 446～500 nm 之间，能产生大量能量，存在于自然光中，更大量存在于显示屏和 LED 等光线中。人们认为在蓝光下暴露 30 min 就会带来危害，因此，防止蓝光危害很有必要，尤其是对于一整天坐在电脑面前工作的上班族而言更为重要。
> 　　当眼睛接触蓝光时，会刺激视网膜，阻碍褪黑激素的产生，而褪黑激素由大脑分泌产生，具有调节睡眠的作用。波林·库索解释道，由于蓝光的作用，大脑还处在白天状态，身体没有做好睡觉的准备。我们的生物钟因此发生偏差，睡眠时间和质量也因此而改变，其结果就是我们从疲劳中恢复的能力受到损害。
> 　　此外，蓝光还会导致眼睛干涩，引起头痛、偏头痛加重。更严重的是，一些科学研究认为，提前衰老与过度暴露在蓝紫光下有关，甚至一些重大疾病如黄斑变性、白内障的出现也与此相关。
> 　　"蓝光危害"仅仅是个名词，不是"蓝光 = 危害"，就像"交通事故"一样，有交通就会有事故的可能。合理使用，定量评估，合格的 LED 可以放心使用。使用 LED 灯不必谈"蓝"色变，正确使用合格的普通照明白光 LED 产品，对于人眼是完全安全的。适量的蓝光不仅是保证光源的显色性能所必需，还能对人的生理节律有调节作用。
>
> 参考资料：央广网、云知光

实训设备

(1) LED 光色电测试系统（图 1.31）　　　　　1 套
(2) LED 灯珠　　　　　　　　　　　　　　　1 个
(3) 计算机　　　　　　　　　　　　　　　　1 台
(4) HAAS-1200 测试软件　　　　　　　　　　1 套

图 1.31　LED 光色电测试系统

1.4.1　任务分析

LED 灯珠色度学参数是关键参数，色参数测试是 LED 测试的重要项目，本任务主要学习 LED 灯珠色性能参数和参数测试方法。使用 LED 光色电测试系统进行色品坐标、相关色温和显色指数等参数测试，并分析测试结果，给出 LED 灯珠色性能评价。

1.4.2　相关知识

1. 色坐标和色品图

人眼对于颜色的响应是通过在可见光波段内的光谱辐射功率来传递的。通过大量观察人发现，人眼在工作时就好像包含三种类型的接收器，每种对不同但相交叠的波长的光产生响应。CIE 在大量心理学和物理学实验基础上推荐了"CIE 1931 XYZ 标准色度系统"。和人眼类似，CIE 系统从光谱分布导出了一套三刺激值，该三刺激值由下面三个积分方程定义：

$$\begin{cases} X = k\int_{380}^{780} P(\lambda)\bar{x}(\lambda)\mathrm{d}\lambda \\ Y = k\int_{380}^{780} P(\lambda)\bar{y}(\lambda)\mathrm{d}\lambda \\ Z = k\int_{380}^{780} P(\lambda)\bar{z}(\lambda)\mathrm{d}\lambda \end{cases} \tag{1.4}$$

式中，(X,Y,Z) 是刺激值；$P(\lambda)$ 是刺激物的光谱功率分布；$\bar{x}$、$\bar{y}$、$\bar{z}$ 是国际公认的 CIE 1931 色匹配函数。

注：CIE 1931 "CIE 1931 XYZ 标准色度系统"是从 2° 观察视场的相应匹配实验中得出来，然而，色匹配是与刺激物的尺寸相关的，所以 CIE 于 1964 年介绍了另外一套 XYZ 色度系统，该系统是在 10° 观察视场下得到的。然而，除非特别说明，一般采用 CIE 1931 2° 观察视场。

式（1.4）中，$\bar{y}(\lambda)$ 符合明视觉光视效率函数 $V(\lambda)$，所以 Y 也可以用来表征所测光源亮度。由三刺激值求出色品坐标：

$$\begin{aligned} x &= X/(X+Y+Z) \\ y &= Y/(X+Y+Z) \end{aligned} \tag{1.5}$$

色品图是以不同位置的点表示各种色品的平面图。1931年由国际照明委员会（CIE）制定，故称CIE色品图（图1.32）。用（x，y）值描述刺激物的颜色并在直角坐标中表示出来，可以形成一个马蹄状的色品图，自然界中所有颜色都可以用色坐标表示出来，并在色品图内找到。

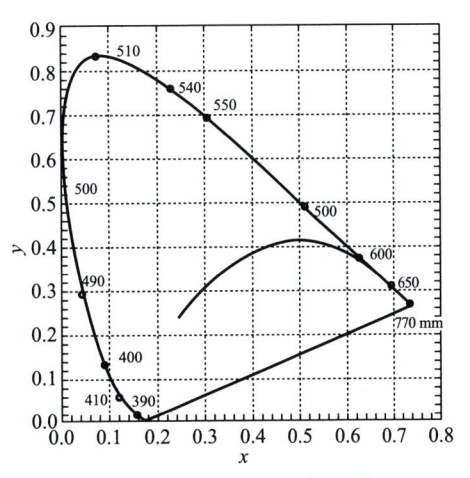

由于CIE 1931 *XYZ* 标准色度系统在实际应用中存在诸如色差容限不均匀等问题，CIE又推荐了CIE 1960 UCS色品图，其颜色坐标由（u，v）表示（图1.33），以及CIE 1976 UCS色品图，其颜色坐标由（u′，v′）表示。这两个色品空间都不是绝对均匀的，但与（x，y）空间相比，有了很大的改进，与CIE 1931色品图中的（x，y）存在以下坐标变换关系：

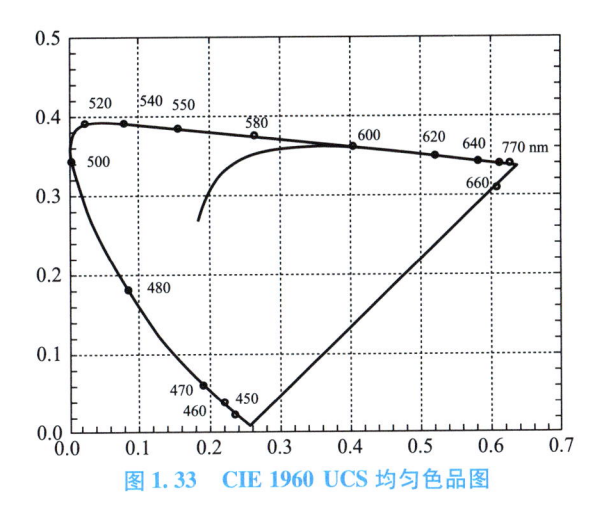

图1.32　CIE 1931色品图

图1.33　CIE 1960 UCS均匀色品图

1960 UCS
$$u = 4x/(3 - 2x + 12y)$$
$$v = 6y/(3 - 2x + 12y) \tag{1.6}$$

1976 UCS
$$u' = 4x/(3 - 2x + 12y)$$
$$v' = 9y/(3 - 2x + 12y) \tag{1.7}$$

2. 色度（Chromaticity）

人眼对色彩的感知是一种错综复杂的过程，为了将色彩的描述加以量化，国际照明协会（CIE）根据标准观测者的视觉实验，将人眼对不同波长的辐射能所引起的视觉感加以记录，计算出红、绿、蓝三原色的配色函数，经过数学转换后即得所谓的CIE 1931 ColorMatchingFunction(x( ),y( ),z( ))。根据配色函数，发展出数种色彩度量定义。

根据CIE 1931配色函数，将人眼对可见光的刺激值以 X、Y、Z 表示，经公式 $x = X/(X + Y + Z)$ 和 $y = Y/(X + Y + Z)$ 换算，得到 x、y 值，即CIE 1931（x，y）色度坐标。通过统一标准化处理，对色彩的描述便得以量化，并加以控制。由于以（x，y）色度坐标所建构的色域具有非均匀性，色差难以量化表示，CIE于1976年将CIE 1931色度坐标加以转换，形成色域接近均匀的色度空间，色彩差异可以量化表示。

3. 主波长（λ_d）

某一个发光二极管所发光并非单一波长，发光管所发光中，某一波长 λ_0 的光强最大，该波长为主波长。表达颜色的方法之一，在得到待测件的色度坐标 (x, y) 后，将其标示于 CIE 色度坐标图上，连接 E 光源色度点（色度坐标 $(x, y) = (0.333, 0.333)$）与该点并延伸该连接线，此延长线与光谱轨（马蹄形）相交的波长值即为该待测件的主波长。应注意的是，此种标示方法下，相同主波长将代表多个不同色度点，因此用于待测件色度点邻近光谱轨迹时较具意义，而白光 LED 则无法以此种方式描述其颜色特性。

4. 纯度（Purity）

以主波长描述颜色时的辅助表示，以百分比计，定义为待测件色度坐标和 E 光源的色度坐标直线距离与 E 光源至该待测件主波长的光谱轨迹（Spectral Locus）色度坐标距离的百分比，纯度越高，代表待测件的色度坐标越接近该主波长的光谱色，因此纯度越高的待测件，越适合以主波长描述其颜色特性，LED 即是一例。

5. 色温（K 开尔文）

如果光源所发出的光的颜色与标准黑体（一种完全吸收任何波长的外来辐射，而无反射的理想物体，可以通过加热，得到白炽状态）在某一温度下辐射的颜色相对应或者接近，那么这一温度就称为该光源的色温，单位为开尔文（K）。黑体温度从低到高，对应光的波长是从红光到蓝光变化，如图 1.34 所示。不同光源环境下的色温见表 1.6。

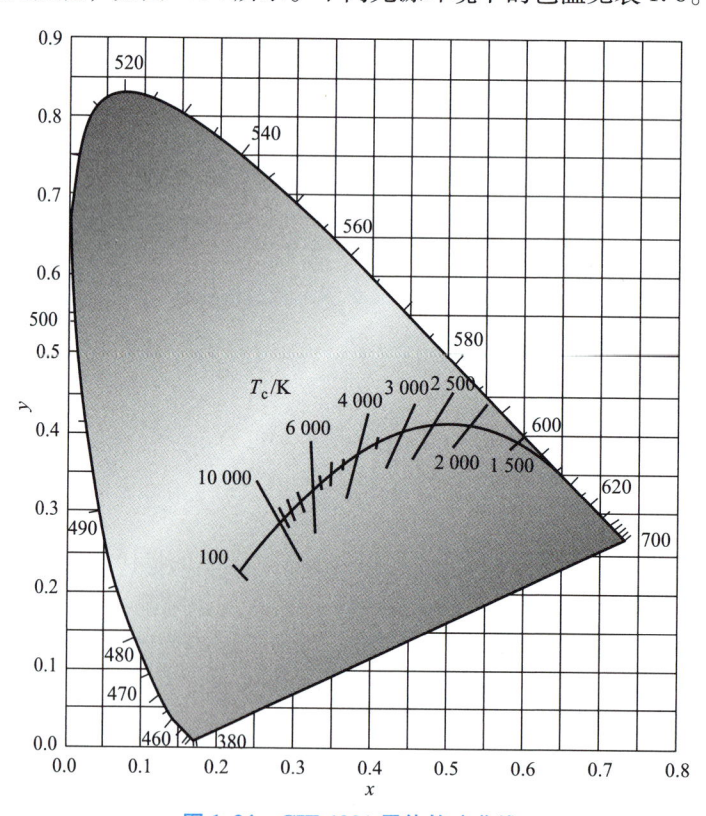

图 1.34　CIE 1931 黑体轨迹曲线

注：白光 LED 的颜色采用色温表示，RGB 彩光 LED 的颜色用主波长定义。

表 1.6　不同光源环境下的相关色温　　　　　　　　　　　K

光源	色温	光源	色温
北方晴空	8 000 ~ 8 500	高压汞灯	3 450 ~ 3 750
阴天	6 500 ~ 7 500	暖色荧光灯	2 500 ~ 3 000
夏日正午阳光	5 500	卤素灯	3 000
金属卤化物灯	4 000 ~ 4 600	钨丝灯	2 700
下午日光	4 000	高压钠灯	1 950 ~ 2 250
冷色荧光灯	4 000 ~ 5 000	蜡烛光	2 000

光源色温不同，带来的感觉也不相同。高色温光源照射下，如亮度不高，就会给人一种阴冷的感觉；低色温光源照射下，亮度过高，则会给人一种闷热的感觉。色温越低，色调越暖（偏红）；色温越高，色调越冷（偏蓝）。

相关色温（CCT）是以黑体辐射接近光源光色时，对该光源光色表现的评价值，并非一种精确的颜色对比，故具有相同色温值的二光源，可能在光色外观上仍有些许差异。仅色温无法了解光源对物体的显色能力，或在该光源下物体颜色的再现能力如何。

例如，白炽灯的光色是暖色，其色温表示为 2 700 K，而日光色荧光灯的色温表示则是 6 000 K。通常大部分光源设计集中在 2 700 ~ 4 300 K 及 5 800 ~ 6 700 K 两个色温位置。

6. 显色性

光源对物体本身颜色呈现的程度称为显色性。光源的显色性由显色指数（R_a）来表明，表示物体在光下颜色比基准光（太阳光）照明时颜色的偏离，能较全面反映光源的颜色特性。显色性高的光源对颜色表现较好，人所见到的颜色也就接近自然色；显色性低的光源对颜色表现较差，人所见到的颜色偏差也较大。国际照明委员会 CIE 把太阳的显色指数定为 100，各类光源的显色指数各不相同。

（1）显色分类

忠实显色：能正确表现物体真实颜色，需使用显色指数（R_a）高的光源，其数值接近 100，显色性最好。

效果显色：要强调鲜明的色彩，表现美好的生活，可以利用加色法来加强显色效果。

（2）显色指数计算方法

CIE 推荐定量评价光源显色性的"测验色"法，规定用黑体或标准照明体作为参考光源，将其显色指数定为 100，并规定了若干测试用的标准颜色样品；通过在参考光源下和待测光源下对标准样品形成的色差，评定待测光源显色性，用显色指数来表示。光源对某一种标准样品的显色指数称为特殊显色指数 R_i。

$$R_i = 100 - 4.6\Delta E_j, i = 1 \sim 14 \quad (1.8)$$

光源对特定 15 个颜色样品的平均显色指数称为一般显色指数 R_a。

$$R_a = \frac{1}{15}\sum_{i=1}^{15} R_i \quad （1.9）$$

式中，15 个颜色样品如图 1.35 所示。R_1，淡灰红色；R_2，暗灰黄色；R_3，饱和黄绿色；R_4，中等黄绿色；R_5，淡蓝

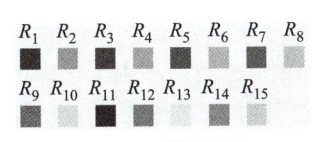

图 1.35　样品颜色

绿色；R_6，淡蓝色；R_7，淡紫蓝色；R_8，淡红紫色；R_9，饱和红色；R_{10}，饱和黄色；R_{11}，饱和绿色；R_{12}，饱和蓝色；R_{13}，白种人肤色；R_{14}，树叶绿；R_{15}，黄种人肤色。

（3）光源的显色性分类

结合实际使用情况，可根据一般显色指数将光源的显色性划分为3类，分别是优、一般和差，具体评价标准可参考表1.7。

表1.7 显色性评价表

一般显色指数（R_a）	质量分类
100～85	优
85～50	一般
<50	差

白炽灯、碘钨灯、溴钨灯、镝灯和LED灯的显色指数R_a均超过85，适用于辨色要求较高的视觉工作，如彩色电影、彩色电视的拍摄和放映，以及染料、彩色印刷、纺织、食品工业等行业。荧光灯的显色指数R_a为70～80，显色效果一般。其中高压钠灯的显色指数R_a为20～25，显色效果差。

1.4.3 任务实施

1. 注意事项

①LED灯珠测试时，LED灯珠极性不要装反。
②LED驱动电流设置不能超出范围。
③测试过程中，积分球要关闭。
④测试结束后，清洁桌面和地面，整理工具。
⑤请勿用手触摸光度探测器的受光面，若探测器的受光面有污物，则用洗耳球或专用的擦镜纸进行擦拭。

2. 操作步骤

根据任务要求，设计本任务操作步骤如下。

第1步：系统设置。

打开"LED spec软件"，单击"操作"菜单，进入"系统设置"对话框，如图1.36所示。

系统设置分为测试设置、定时测试、快速光谱仪与功率计/电源四部分。

◆ 测试设置

"测试设置"是"系统设置"对话框的默认界面，其主要功能包括：

①自动积分调节上限：可根据信号强弱设置自动积分调节时间。信号越强，该值应该越小；当信号较弱，无法自动积分时，可以将该值改大或者调节光信号。该值范围为1 000～10 000 ms。

②光源类型：用于选择待测光源的类型，有"电光源""荧光粉"两种选项。

当选择"荧光粉"时，需配备远方PE-2或PE-5专业荧光粉激发装置。

③光度测量类型：具有"无""光通量""光照度""光强"和"光亮度"五种类型选

图 1.36　系统设置界面 1

择。在测试过程中，不能改变测试类型；如需要改变，需将当前测试数据保存后新建一个文档重新开始测试。

"光照度"和"光强"测试功能需要配置照度取样装置；"光通量"测试功能必须配置积分球；"光亮度"功能需要配置亮度取样装置（如远方 CBM-2 亮度取样器）。注：光照度、光强和亮度等功能需要客户定制。

④光强测试距离、光强修正系数：当"光度测量类型"中选择"光强"时，这两项可选。可根据实际情况设置。

⑤亮度测试视场角：当"光度测量类型"中选择"光亮度"时，该项可选。可根据实际情况选择"0.1 度""0.2 度""1.0 度"或"2.0 度"。

⑥波长测量范围：在仪器的可测范围内，可以任意设置待测波段。例如，VIR 型仪器的测量范围为 350～1 000 nm，当只需要测量可见光时，将该测量范围设置为 380～780 nm 即可。

⑦每次测试校暗电流：当勾选"使用"时，每次测试都会自动校暗电流。

⑧光信号：具有"直流 DC""交流 50 Hz"和"交流 60 Hz"三种信号类型选择，可根据实际使用电源类型设置。

⑨荧光粉测试装置：当"光源类型"中选择"荧光粉"时，该项可选。可根据实际所用激发装置选择 PE-2 或 PE-5。

⑩使用触发模式：本仪器具有触发测试功能，可选择"输入"或"输出"两种模式（不同型号存在差异，具体由合同确定）；同时，可对脉冲宽度和脉冲个数进行选择。

▶选择输入触发（trig_in）时，首先将触发测试线的三芯航空插头连接到仪器后面板

测试 LED 灯珠光谱分布

的外部输入端口；可选择以下两种信号类型：开关信号或边沿触发信号。选择开关信号触发时，可将触发测试线中的红线（对应三芯航空插座 1 脚）和黑线（对应三芯航空插座 3 脚）短路一下，以获得一个触发信号；选择边沿触发时，可对触发测试线的红线提供一个 TTL 电平下降沿（黑线为参考地）。

▶ 选择输出触发（trig_out）时，仪器每进行一次测量，I/O 的 1 脚将输出一个与积分时间同步的脉冲，I/O 的 2 脚为参考地。

◆ 定时测试

"定时测试"界面如图 1.37 所示，可设置定时测试的次数和时间。

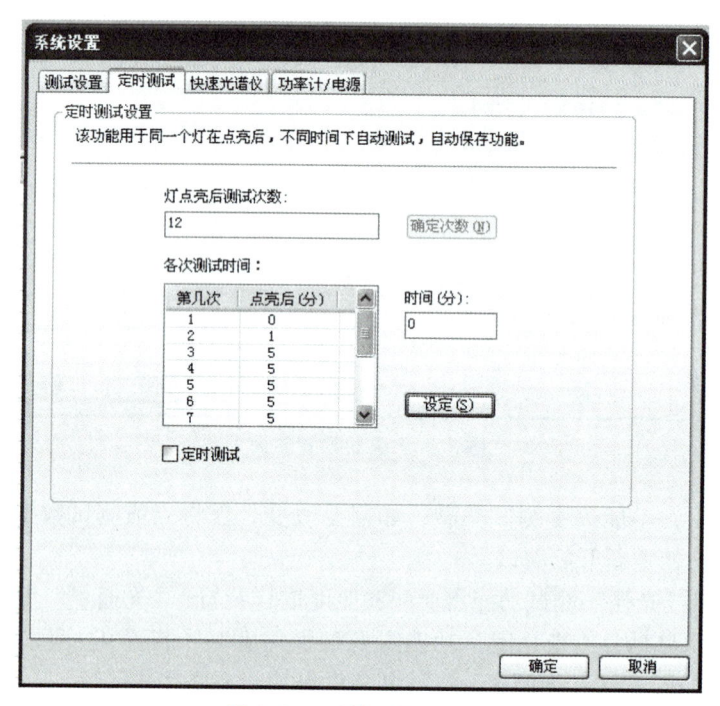

图 1.37 系统设置界面 2

◆ 快速光谱仪

本测试软件适用于远方 HAAS-1200 精密快速光谱辐射计的多个型号，可根据实际情况选择光谱仪型号和其对应的通信端口，也可选择"不连接系统，演示模式"熟悉软件操作，如图 1.38 所示。

◆ 功率计/电源

"功率计/电源"界面如图 1.39 所示。可配置远方数字功率计或电源以获取电参数，根据实际情况选择功率计 PF9811/10，通信串行口选择 COM1。

第 2 步：光谱测试。

根据测试需要，完成"系统设置"，选择待测光源类型（电光源或荧光粉）。在开始测量前，需要在工具栏中设置测量的积分时间和平均次数，如图 1.40 所示。作为光电探测器件，阵列探测器的作用是对光信号所引起的电荷进行累积存储和转移，"积分时间"即阵列探测器进行电荷累积的时间长短。一般情况下，光信号越强，积分时间应该越小。在 HAAS-

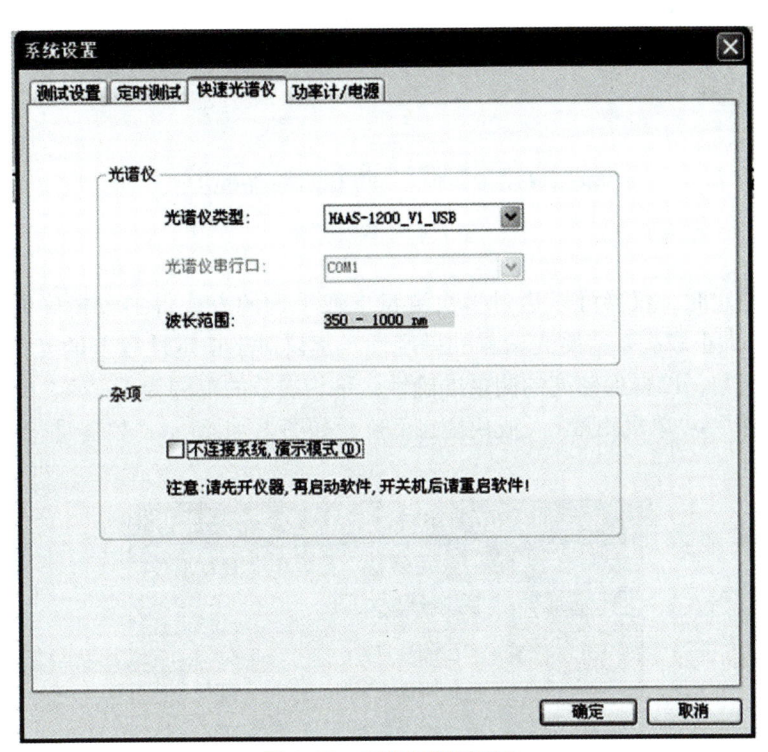

图 1.38　系统设置界面 3

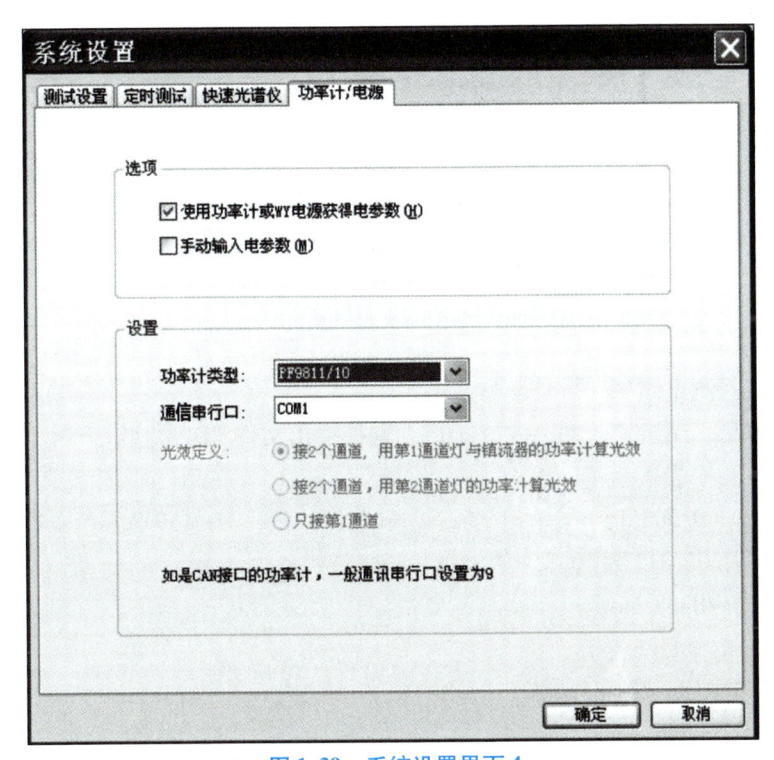

图 1.39　系统设置界面 4

1200 中，可手动输入积分时间，也可选择"自动积分"。当选择"自动积分"时，仪器将自动调节积分时间，某些情况下测量会比较慢。合理的积分时间应该使测得的 I_p 值在 50% ~ 90% 之间。

图 1.40 积分设置

当光源不稳定时，仪器可以通过多次测量求取平均的方式得到较精确的测量值，因此"平均次数"的大小取决于待测光信号的稳定性。建议对于稳定性较差的光信号，可适当提高平均测量的次数，以得到较高的测量准确性，平均次数的范围为 1 ~ 20。

单击"操作"→"单次测量"（或快捷键 F3），如图 1.41 所示，仪器进行单次测量。

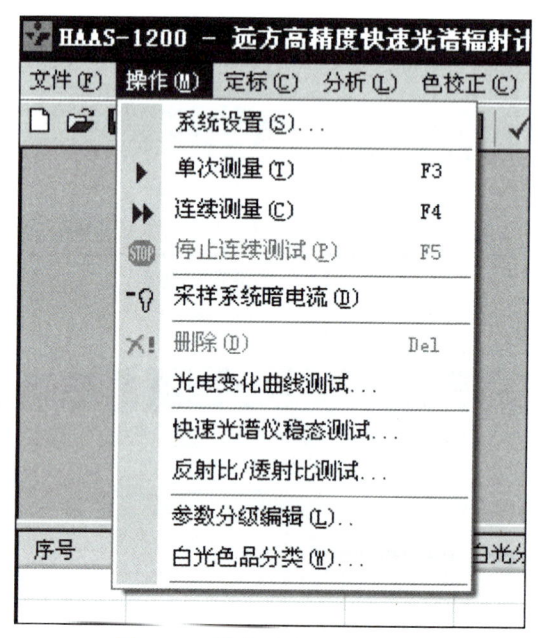

图 1.41 单次测试操作示意图

第 3 步：查看测试结果。

输出测试信息，单击"文件"→"打印"，选择输出文件 PDF 类型。

颜色参数：

色品坐标：$x = 0.3033$，$y = 0.3155$，$u' = 0.1963$，$v' = 0.4595$，$d_{uv} = 1.116 \times 10^{-3}$。

相关色温：$T_c = 7211$ K。

主波长：$\lambda_d = 483.7$ nm。

色纯度：Purity = 11.6%。

色比：$R = 11.3\%$，$G = 85.0\%$，$B = 3.7\%$。

峰值波长：$\lambda_p = 446.3$ nm。

半宽度：$\Delta\lambda_d = 18.9$ nm。

显色指数：R_a = 62.7。

R_1 = 59，R_2 = 68，R_3 = 69，R_4 = 62，R_5 = 61，R_6 = 54，R_7 = 77，R_8 = 52，R_9 = −65，R_{10} = 19，R_{11} = 54，R_{12} = 25，R_{13} = 60，R_{14} = 82，R_{15} = 57。

分级：518。

白光分类：OUT。

第4步：分析测试结果。

根据测试数据，分析所测试LED灯珠的色性能参数。

①相关色温：CCT = 7 211 K，偏蓝，不适合作办公照明。

②显色指数：R_a = 62.7，显色性差。

③R_9 = −65，当R_9 < 0时，说明光源的红光成分不足，红色严重失真，光源无法显示红色。

分析LED光谱参数

任务评价

任务评价表

序号	评价类型	赋分	评价指标	分值	自评	互评	教师评
1	职业能力	60	LED灯珠安装的规范性	20			
			测试软件正确使用	10			
			测试参数正确性	10			
			测试参数分析合理性	20			
2	职业素养	20	敬业精神，遵守纪律	5			
			沟通协作，问题解决	5			
			操作规范性，安全意识	5			
			创新思维，方案优化	5			
3	劳动素养	10	任务按时完成，填写认真	3			
			工位整洁，工具归位	5			
			任务参与度，工作态度	2			
4	思政素养	10	思政素材学习情况	5			
			对"蓝光安全"的认识程度	5			
			总分				

得分

课后拓展

思考与讨论

（1）简要说明超市生鲜柜台选择偏红LED的原因。

（2）分析酒店使用暖色照明的依据。

小结

本项目主要介绍了 LED 基础知识，为智能照明电子产品设计打下基础，主要训练任务如下：

1. 点亮 LED 灯珠。
2. 测试 LED 灯珠电参数。
3. 测试 LED 灯珠光参数。
4. 测试 LED 灯珠色参数。

习题

1. 填空题

（1）LED 与普通二极管一样，都是由一个____组成，同时具有____性。

（2）LED 灯珠主要由____、银胶、____、____、____五种物料组成。

（3）LED 灯珠中支架的作用是_____。

（4）LED 灯珠中芯片的作用是_____。

（5）LED 灯珠中银胶的作用是_____。

（6）LED 灯珠中金线的作用是_____。

（7）LED 灯珠中环氧树脂的作用是_____。

（8）LED 封装形式主要有____封装、____封装、____封装和____封装。

（9）LED 灯珠核心部分是由____型半导体和____型半导体组成的芯片。

（10）LED 灯珠的主要电参数包括____、____、V-I 特性和极限参数。

（11）小功率 0.06 W 的 LED 灯珠额定电流一般为____mA。

（12）引脚式 LED，引脚长的一端是____极，引脚短的是____极。

（13）表面贴封装 LED，焊盘大的一端为____极，焊盘小的一端为____极。

（14）功率型封装 LED，标识为 "−" 表示____极，标识为 "+" 表示____极。

（15）色温越低，色调越____；色温越高，色调越____。

（16）光源显色指数 R_a 均超过 85，说明该光源显色性____。

2. 选择题

（1）小功率 0.06 W 的 LED 灯珠额定电流一般为（   ）mA。

A. 10　　　　　　B. 20　　　　　　C. 30　　　　　　D. 60

（2）中功率 0.2 W 的 LED 灯珠额定电流为（   ）mA。

A. 18～20　　　　B. 20～25　　　　C. 30～35　　　　D. 60～65

（3）0.5 W 的 LED 灯珠额定电流为（   ）mA。

A. 65　　　　　　B. 100　　　　　C. 150　　　　　D. 350

（4）红光 LED 的额定工作电压 V_F 为（   ）V。

A. 0.7～1.2　　　B. 2～3　　　　　C. 1.8～2.5　　　D. 2.5～3.5

（5）蓝光 LED 的额定工作电压 V_F 为（   ）V。

A. 0.7~1.2　　　　B. 2~3　　　　C. 1.8~2.5　　　　D. 2.7~4.0

3. **简答题**

(1) 简述 LED 的含义。

(2) 实现白光 LED 的方法主要有哪些?

(3) 简述表面贴 LED 的优点。

(4) 简述功率型 LED 的特点。

(5) 简述 LED 的工作原理。

(6) 简述光通量的含义。

(7) 简述光强的含义。

(8) 简述光效的含义。

(9) 简述色温的含义。

(10) 简述显色性的含义。

项目 2

设计 LED 光源

项目简介

LED 光源作为第四代照明，已经成为生活中的主要照明方式。在智能照明系统中，照明效果主要由 LED 光源决定，光源设计在系统中的地位至关重要。本项目主要研究 LED 光源设计要求、设计方法和具体设计过程。通过完成测试可调色温 LED 灯、测试彩色 LED 灯和设计 LED 光源原理图、设计 LED 光源 PCB 等任务，让读者初步掌握 LED 光源设计方法和技能。

知识网络

- 设计LED光源
  - 测试可调色温LED灯
    - 可见光
    - 光的特征
    - 冷暖白光混合
  - 测试彩色LED灯
    - 混色原理
    - RGB三色LED灯珠
    - 彩色LED灯带
  - 设计LED光源原理图
    - LED串联阵列
    - LED并联阵列
    - LED混合联
    - 原理图设计方法
  - 设计LED光源PCB
    - PCB板设计原则
    - PCB设计步骤

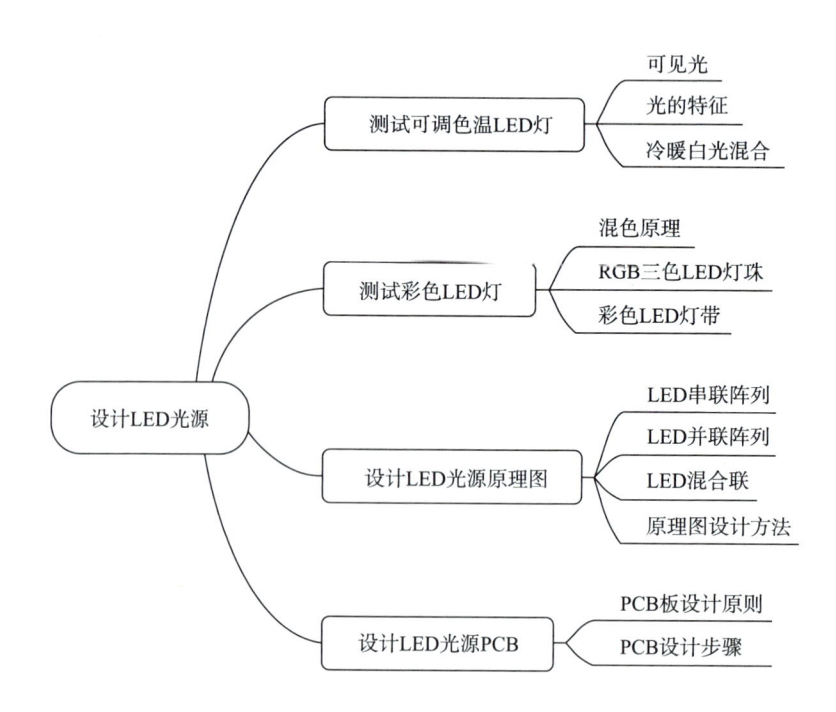

🌀 学习要求

1. 根据课程思政目标要求，实现智能照明系统中光源设计合理性，根据实际需求，以应用为中心，养成解决实际问题的科学思维方法。

2. 在光源设计过程中，按照电子产品设计要求，按规范电路板设计步骤，养成规范、严谨的职业素质。

3. 通过"测试可调色温 LED 灯""测试彩色 LED 灯""设计 LED 光源原理图"和"设计 LED 光源 PCB"等任务实施，查找信息，阅读技术资料，培养信息获取和应用的方法。

4. 实训设备操作时，需要安全，规范操作设备，接线需要整洁美观，工位保持清洁、工具归位，培养基本职业素养。

5. 在任务实施过程中，小组成员要相互配合，有问题及时沟通解决，培养良好的合作精神。

任务 2.1　测试可调色温 LED 灯

学习目标

★ 了解智能照明的不同场景模式
★ 掌握可调色温 LED 灯的测试方法和步骤
★ 掌握 LED 光源板设计原则和设计方法
★ 能正确测试 LED 光源板关键参数
★ 能分析 LED 光源板参数性能

素质拓展

★ 协作意识，合作精神

面对当前社会分工的日益细化、技术及管理的日益复杂，个人的力量和智慧显得苍白无力。此时，团队合作精神发挥着无可比拟的作用。很多日本企业之所以具有强大的竞争力，其根源不在于员工个人能力的卓越，而在于其员工整体"团队合力"的强大，其中起关键作用的正是那种弥漫于企业的无处不在的"团队精神"。

团队精神强调团队内部各个成员为了团队的共同利益而紧密协作，从而形成强大的凝聚力和整体战斗力，最终实现团队目标。团队的作用在于提高组织的绩效，使团队的工作业绩超过成员个体业绩的简单之和，因为团队中的每个人可能在某一方面是天才，但不可能是全才，所以，只有发挥团队精神，才能取得更大的成功。

实训设备

(1) 冷暖色温 LED 光源　　　　　　　　　1 块
(2) 可调占空比 PWM 模块　　　　　　　　1 个
(3) 恒流驱动模块　　　　　　　　　　　　1 个
(4) 直流稳压电源　　　　　　　　　　　　1 台
(5) 数字示波器　　　　　　　　　　　　　1 台
(6) 数字万用表　　　　　　　　　　　　　1 块

2.1.1　任务分析

在智能照明系统中，通过改变 LED 光源不同色温，实现场景模式变换。本任务使用测试设备进行 LED 光源色温变化，使用 PWM 模块产生 2 路不同占空比的 PWM 信号，通过 PWM 信号控制电源驱动模块，实现 2 路电流变化，从而控制冷暖色温 LED 灯珠照度，改变 LED 灯色温。实训设备实物图如图 2.1 所示。

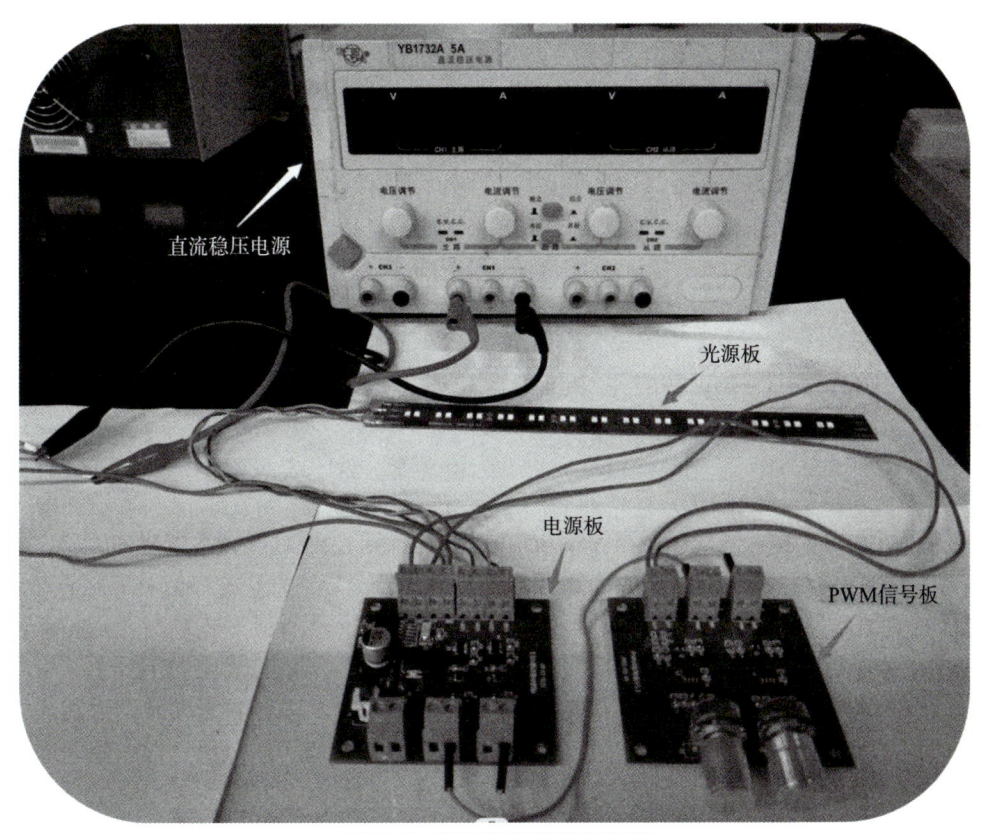

图 2.1 可调色温实训实物图

2.1.2 相关知识

1. 光学基础

混光指两种或两种以上的不同频率的可见光在一定的可视范围内进行混合而得到的光线。混光技术在 LED 照明中应用非常广泛。通过混光可以实现多色合成白光，实现日光照明的优点。混光的意义在于可实现地下室或大型地下空间的日光照明条件，合理匹配各频率光源形成白光，满足动植物对光源的需求。

（1）可见光

在科学上的定义，光是指所有的电磁波谱。可见光是电磁波谱中人眼可以感知的部分，可见光谱没有精确的范围。电磁辐射波谱如图 2.2 所示。一般人的眼睛所能接收光的波长为 380~780 nm。正常视力的人眼对黄绿光最为敏感。

人们看到的光来自宇宙中的发光物质（例如恒星）或借助产生光的设备，包括天然光源和人工光源。

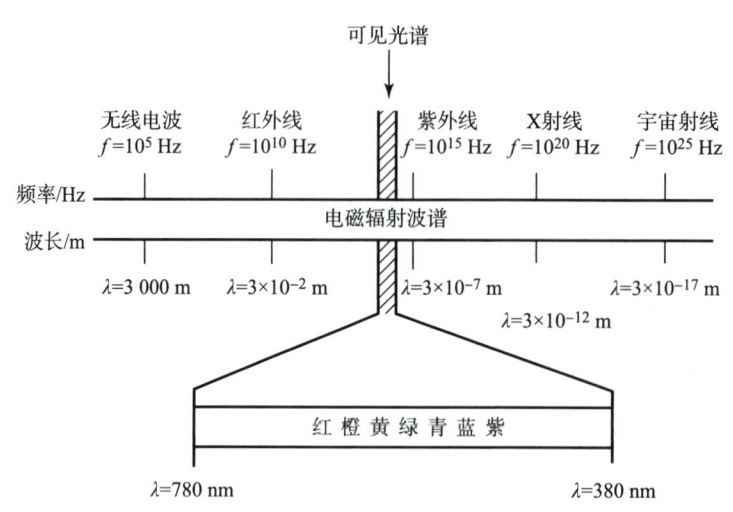

图 2.2　电磁辐射波谱

◆ 自然光源

自然光源是太阳。太阳光中的可见光由红、橙、黄、绿、青、蓝、紫七色光组成,是绿色植物进行光合作用所必需的。到达地表面上的可见光辐射随大气浑浊度、太阳高度、云量和天气状况而变化。大气层对于大部分的电磁辐射来讲都是不透明的,只有可见光波段和其他少数如无线电通信波段等例外。可见光辐射占总辐射的45%~50%。

◆ 人造光源

人造光源主要是电光源。主要有白炽灯、高压钠灯、荧光灯、气体放电灯、金卤灯、LED 灯等。白炽灯发出的可见光谱是连续的。气体放电灯发出的可见光谱是分立的。

(2) 光的特性

1) 物理性质。

光的物理性质由其波长和能量决定。波长决定光的颜色,能量决定光的强度。

单色光:是只含单一波长成分的光,不能再分解的色光叫作单色光。单色光的单色性是由频率的宽度决定的,宽度越窄,单色性越好。白光或太阳光经三棱镜折射分离出光谱色光——红、橙、黄、绿、青、蓝、紫7种颜色,如图2.3所示。这些单色光每种色光并非真正意义上的单色光,都有相当宽的频率(或波长)范围。常见单色光波长范围见表2.1。

图 2.3　白光分解成单色光

表 2.1　光谱颜色的波长范围

色调	波长/nm	范围/nm
红	700	620~780
橙	620	590~620
黄	580	560~590
绿	530	500~560
青	490	470~500
蓝	450	430~470
紫	420	380~430

复色光：由单色光混合的光称为复色光。复色光通过棱镜能发生色散现象。一般的光源是由不同波长的单色光混合而成的复色光，自然界中的太阳光及人工制造的日光灯等所发出的光都是复色光。

白光是复色光，白光包括自然白光（比如太阳的白光）和人造白光。

2）传播特性。

光是以光子为基本粒子组成，具有粒子性与波动性，称为波粒二象性。光可以在真空、空气、水等透明的物质中传播。

光同时具备以下四个重要特征：

◆ 以波的形式传播。光就像水面上的水波一样，不同波长的光呈现不同的颜色。

◆ 以直线传播。笔直的"光柱"和太阳"光线"都说明了这一点。

◆ 光速极快。在真空中为 3×10^5 km/s，在空气中的速度要慢些。在密度更大的介质中，譬如，在水中或玻璃中，传播速度还要慢些。

◆ 光中具有含能粒子，它们被称为"光子"，因此，能引起胶片感光乳剂等物质的化学变化。光线越强，所含的光子越多。

3）折射与反射。

①折射。

光色基础

光从一种介质斜射入另一种介质时，传播方向发生改变，从而使光线在不同介质的交界处发生偏折。由于光在两种不同的物质里传播速度不同，故在两种介质的交界处传播方向发生变化，这是光的折射。

光的折射与光的反射一样，都是发生在两种介质的交界处，只是反射光返回原介质中，而折射光线则进入另一种介质中，如图 2.4 所示。

注：在两种介质的交界处，既发生折射，也发生反射。反射光线光速与入射光线光速相同，折射光线光速

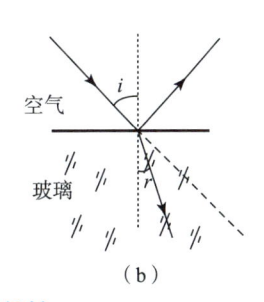

(a)　　　　　　　　　(b)

图 2.4　光的折射

(a) 折射演示；(b) 折射分析

与入射光线光速不同。

照明灯具中，光的折射应用产品主要有透镜、导光板、扩散板等。

◆ LED 透镜

透镜能增强光的使用效率和发光效率，根据不同的效果需求，使用不同的透镜。LED 透镜如图 2.5 所示。

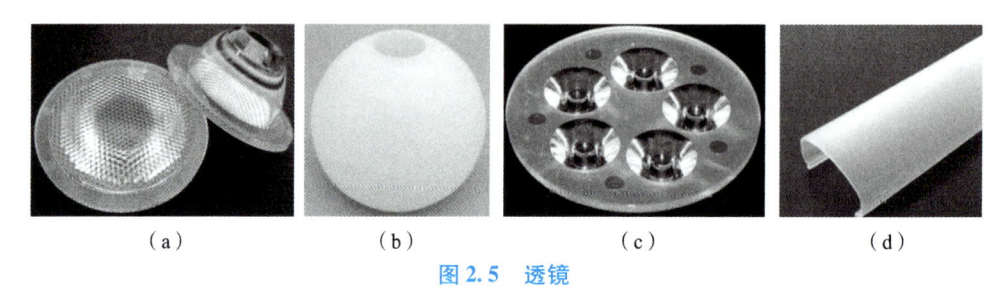

（a） （b） （c） （d）

图 2.5 透镜

（a）硅胶透镜；（b）亚克力透镜；（c）PC 透镜；（d）玻璃透镜

LED 透镜按材料，可分为硅胶透镜、亚克力透镜、PC 透镜和玻璃透镜。

• 硅胶透镜

硅胶耐高温（也可以过回流焊），因此常常直接封装在 LED 芯片上。一般的硅胶透镜体积较小，直径通常为 5~10 mm。

• 亚克力透镜

光学级 PMMA（聚甲基丙烯酸甲酯，俗称亚克力），此材料在成形后比较脆，不适宜制作形状特别复杂的产品。

优点：生产效率高（可以通过注塑完成），透光率高（3 mm 厚度时，透光率为 93% 左右）。

缺点：耐温 70 ℃，热变形温度 90 ℃。

• PC 透镜

光学级 Polycarbonate（简称 PC）聚碳酸酯，具有相当强的韧性，耐冲击性能好。

优点：生产效率高（可以通过注塑成形），耐高温（130 ℃ 以上）。

缺点：透光率稍低（88%）。

• 玻璃透镜

具有高透光率（97%）、耐高温等特点。缺点是易碎，生产效率低，成本高。

◆ LED 导光板

位于导光板两侧的光源的反射点细小、呈偏圆形且间距疏远，而位于导光板中间部分的反射点紧密且粗大，略呈椭圆形。当光从两侧光源进入导光板碰到反射点时，漫反射到导光板表面，另一部分是光直接穿透导光板到达表面。越靠近光源的导光板部位的直接光越强，远离的较弱；靠近光源的反射点细小而疏远，漫反射出来的光较少；相反，远离光源的那些粗大且紧密的点反射出来的光较丰富。这些光复杂融合后，达到整块导光板均亮的效果。

工作原理：利用光学级亚克力板材吸取从灯发出来的光在光学级亚克力板材表面的停留，当光线射到各个导光点时，反射光会往各个角度扩散，然后破坏反射条件，由导光板正面射出。通过各种疏密、大小不一的导光点，可使导光板均匀发光。常见导光板如图 2.6 所示。导光板的应用实例如图2.7所示。

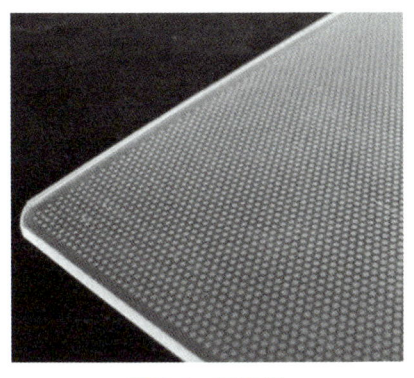

图2.6 导光板

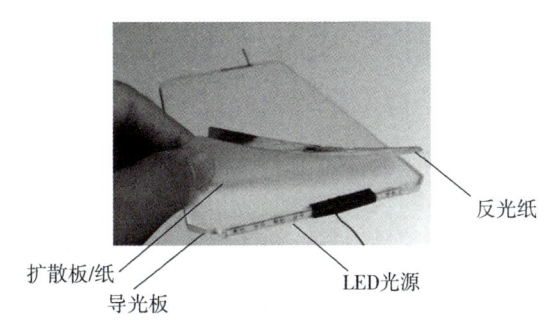

图2.7 导光板应用

反光纸的用途在于将底部泄漏出的光反射回导光板中，用来提高光的使用效率。

◆ LED扩散板

通过化学或物理的手段，利用光线在行径途中遇到两个折射率相异的介质时，发生折射、反射与散射的物理现象。通过在PMMA、PC、PS、PP等基材基础上添加无机或有机光扩散剂，或者通过基材表面的微特征结构的阵列排列来调整光线，使光线发生不同方向的折射、反射与散射，从而改变光的行进路线，实现入射光充分散色，产生光学扩散的效果。扩展板的应用如图2.8所示。

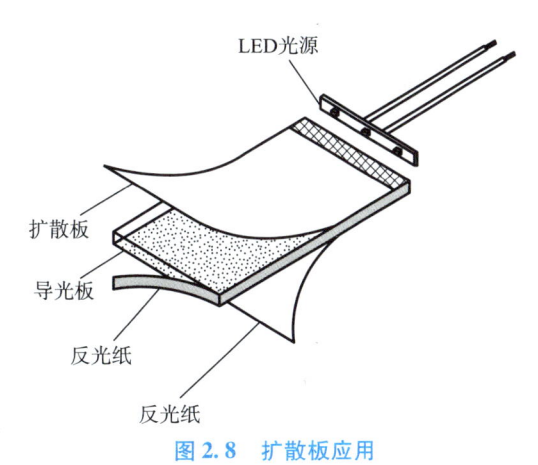

②反射。

光在传播到不同物质时，在分界面上改变传播方向又返回原来物质中的现象，称为反射。光线遇到水面、玻璃以及其他许多物体的表面时，都会发生反射。光的反射如图2.9所示。

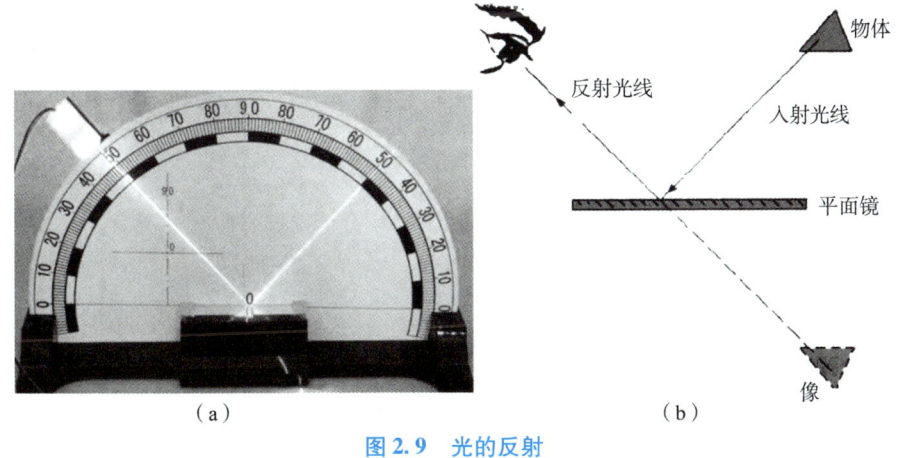

图2.8 扩散板应用

（a）　（b）

图2.9 光的反射

（a）反射演示；（b）反射原理分析

➢ 反射定律
- 反射角等于入射角,并且入射光线与平面的夹角等于反射光线与平面的夹角。
- 反射光线与入射光线居于法线两侧,并且都在同一个平面内。
- 在光的反射现象中,光路是可逆的。

➢ 反射类型
◆ 镜面反射:平行光线射到光滑表面上时,反射光线也是平行的。
◆ 漫反射:平行光线射到凹凸不平的表面上时,反射光线射向各个方向。

表面平滑的物体,易形成光的镜面反射,形成刺目的强光,反而看不清楚物体。通常情况下可以辨别物体的形状和存在,是由于光的漫反射。日落后暂时能看见物体,是因为空气中的尘埃引起光的漫反射。无论是镜面反射还是漫反射,都需遵守反射定律。

➢ 反射应用

照明灯具中,光的反射应用产品主要有反光杯、反光纸等。

◆ 反光杯

光源发出的光线照射到反光杯的反射面上,经过反射后沿着反射的方向传播。反射曲面实现改变原来的传播方向,使光线经过反射后能按照需求的方向传播,这样反光杯就起到有效利用光能的作用,实现控制光照距离、光照面积、光斑效果等光学效果,如图2.10所示。

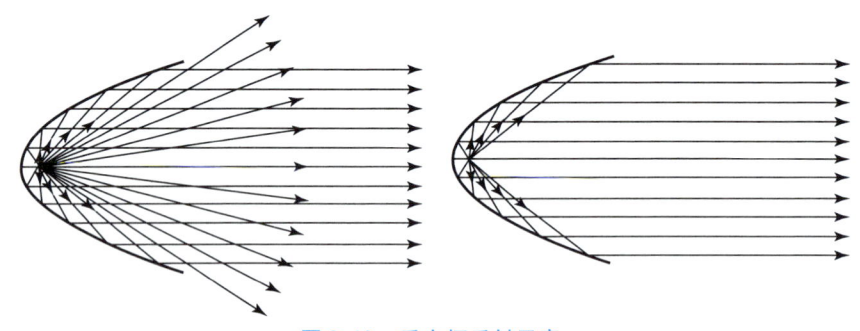

图 2.10 反光杯反射示意

反光杯是一种反射光线的器件。对于不同的光源,反光杯的曲线也不同,因为不同的光源发出的光在空间的分布不同,如图 2.11 所示。

图 2.11 反光杯

◆ 反光纸

反光纸是一种光学薄膜，材质有多种，如 PET、PP、PVC 等。现在反光纸主要是指用在 LED 灯具上起反射作用的 PET 反射膜，可以提高灯具的亮度。

2. 白光混合

可调色温 LED 灯通常使用冷、暖两种色温的 LED 进行混光。两通道脉冲宽度调制（PWM）方法实现色温可调。占空比是控制混色光源光色量的唯一因素。因此，需要解决的关键技术是依据所选的冷、暖白光 LED 的光度、色度参数，得到混色光源的相关色温（以下简称色温）和光度量值，来确定控制冷暖白光 LED 输出所对应的占空比。

低色温：色温在 3 300 K 以下，光色偏红，给人以温暖的感觉，有稳重的气氛。当采用低色温光源照射时，能使红色更鲜艳。

中色温：色温为 3 000～6 000 K，在此色调下，无特别明显的视觉心理效应，有爽快的感觉，所以称为"中性"色温。当采用中色温光源照射时，具有清凉感。

高色温：色温超过 6 000 K，光色偏蓝，给人以清冷的感觉。当采用高色温光源照时，物体有冷的感觉。

暖光：用低色温搭配低照度的光可得到暖光。暖光给人以温馨、舒适和安全的感觉。

冷光：用高色温的光进行照明可得到冷光。冷光在高照度下给人以明亮清爽的感觉，这种冷光照明通常应用在体育馆、图书馆、工厂等场所。冷光在低照度下给人以寒冷阴森的感觉。冷光照明常用来营造恐怖氛围。

3. 实训线路及原理

实训设备由电源模块、占空比可调 PWM 模块、双色温光源（LED 灯珠色温分别为 3 000 K 和 6 000 K）、直流稳压电源和示波器构成。通过调节占空比可调 PWM 模块上的旋转可调电阻，产生变化的 PWM 信号，控制电源模块上的恒流电源输出，实现双色温光源上的冷、暖 LED 灯珠光照度变化，从而得到可调色温 LED 灯。系统结构如图 2.12 所示。

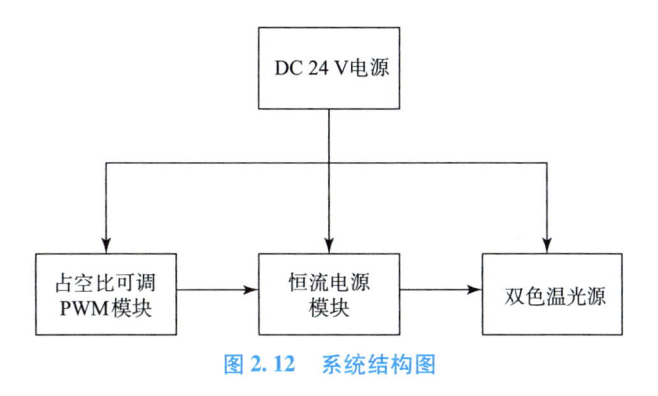

图 2.12 系统结构图

2.1.3 任务实施

1. 注意事项

①直流稳压电源输出电压设定为 24 V。

②要按照实例电路连接电路，电源正、负极不能接反；否则，LED 光源不亮。

③测试过程中防止短路，以免烧坏模块。

2. 操作步骤

①正确连接电源模块和 PWM 模块。电源模块的输出电压 DC 5 V 与 PWM 模块电源输入 5 V 连接，PWM 模块的信号输出 PWM1 和 PWM2 与电源板的 PWM1 和 PWM2 连接。

冷暖白光混合

②连接电源板与光源板。将电源板的 LED1+、LED1- 与光源板的 LED1+、LED1- 连接；同理，连接 LED2+、LED2-。

③调整直流稳压电源输出电压 DC 24 V，用万用表测量电源模块输入电压，并记录实际测量大小。

④分别调节 PWM 模块上的旋钮，观察冷暖色温 LED 灯珠照度变化，根据表 2.2 要求调节 PWM1 和 PWM2 的占空比，记录光源色温。

表 2.2　PWM 调节记录表

信号源	占空比/%		
PWM1	0	100	50
PWM2	100	0	50
输出色温/K			

注：在调节 PWM 信号过程中，通过 2 路信号输出占空比的变化，可以实现色温在 3 000 ~ 6 000 K 之间变化。

⑤结合实训结果，分析智能照明中不同场景模式的实现方法。

任务评价

任务评价表

序号	评价类型	赋分	评价指标	分值	得分 自评	得分 互评	得分 教师评
1	职业能力	60	线路连接正确	20			
			直流稳压电源输出电压正确	10			
			测试参数完整	5			
			测试参数正确	15			
			数据分析合理	10			
2	职业素养	20	敬业精神，遵守纪律	5			
			沟通协作，问题解决	5			
			操作规范性，安全意识	5			
			创新思维，方案优化	5			

续表

序号	评价类型	赋分	评价指标	分值	得分 自评	得分 互评	得分 教师评
3	劳动素养	10	任务按时完成，填写认真	3			
			工位整洁，工具归位	5			
			任务参与度，工作态度	2			
4	思政素养	10	思政素材学习情况	5			
			对"协作意识，合作精神"的认识程度	5			
			总分				

课后拓展

思考与讨论

结合 LED 灯实际应用场景，说明卧室灯调光的实现方法。

设计可调色温 LED 灯

任务 2.2　测试彩色 LED 灯

学习目标

★ 理解混色原理
★ 掌握三色 LED 灯珠结构
★ 能利用 RGB 三色 LED 设计多彩 LED 灯
★ 会进行 LED 彩灯工作状态测试

素质拓展

★ 创新思维，目标导向

> 创新就是要不断地开拓，创新的对象可以是一个产品，可以是一个过程，也可以是一种思想，创新要求人们不断地向外开拓。创新不一定是开发对于这个世界来说新的东西，更多的是开发对于我们自身来说是一种新的东西。
> 创新要求具有一定的沟通能力、一定的学习能力、一定的知识基础、一定的工作经验、一定的勇气胆量、一定的开拓潜质、一定的敏感度，以及永远不满现状，不停地变动追求目标。创新不在于求同，而在于存异。
> 其实创新并不难，有时候就是比别人多做点事，多动一些脑子。我们每天都生活在创新的世界里，然而我们似乎没有注意，也没有深刻认识创新的意义。
> 创新是人类生存和发展的基石，一个社会只有创新，才能发展；一个民族只有创新，才能进步；一个国家只有创新，才能富强。学会创新，以新求变，你将会有更多的收获，将会有更大的智慧。

实训设备

（1）彩色 LED 灯板　　　　　　　　　1 块
（2）直流稳压电源　　　　　　　　　　1 台
（3）数字万用表　　　　　　　　　　　1 块

2.2.1　任务分析

在智能照明系统中，经常需要使用彩色 LED 灯（图 2.13）实现情景照明。本任务使用测试工装（图 2.14）进行 RGB 三色 LED 灯珠混光研究，通过点亮不同颜色 LED 灯珠，测试颜色混合效果。

图 2.13 彩色 LED 灯实物图　　　　　　图 2.14 RGB 三色 LED 测试工装实物图

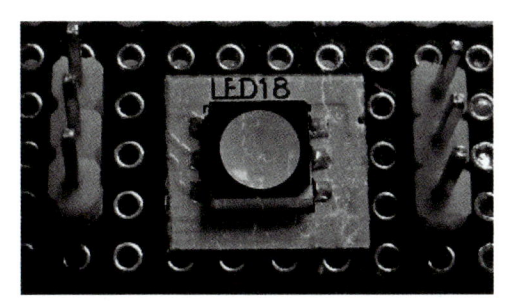

2.2.2　相关知识

光色混合是指两种或者多种颜色的光混合在一起，会产生一种新颜色的光。在日常生活中看到的颜色，大多是通过颜色混合而来的。颜色混合有两种，即色光混合和颜料混合。不同的彩色灯光重叠在一起，如彩色电视的色彩是色光混合；彩色印刷，用水彩画画和颜料染布是颜料混合。色光混合得来的颜色，是各种混合色强度的相加，因而更亮；颜料混合时，混合的各种颜色互相吸收，最后看到的都是彼此都不吸收的颜色，其明度也会比参加混合的颜色暗。

1. 混色原理

原色：是指不能通过其他颜色的混合调配而得出的"基本色"。以不同比例将原色混合，可以产生出新的颜色。

三原色：分"色光"三原色和"颜料"三原色。

色光三原（基）色：红、绿、蓝。

颜料三原色：品红、黄、青。

间色：由两种原色调配而成的颜色，又叫作二次色。例如：红+绿=黄，绿+蓝=青，蓝+红=品红（图 2.15），黄、青、品红就是色光三原色中的间色。

色光越加越亮，颜料越混越黑。三原色光同比例混合到一定强度后呈现出白色，而颜料三原色混合后呈现浑浊的黑灰色。两种原色等量相混合，则形成各自的中间色。

色彩三要素：

色相：简单地说，就是色彩的种类。色相是色彩的首要特征，是区别各种不同色彩的最准确的标准。事实上，任何黑白灰以外的颜色都有色相的属性，而色相也就是由原色、间色和复色构成的。自然界中的色相是丰富的，如紫红、银灰、橙黄等。

明度：明度可以简单理解为颜色的亮度，不同的颜色具有不同的明度。

饱和度：即色彩的鲜艳度。

2. RGB 三色 LED 灯珠

三色 LED 灯珠又叫三合一 LED，是由红、绿、蓝三种颜色发光二极管组合在一颗灯珠上，给不同颜色的 LED 通电，可以发出不同颜色的光。三色 LED 灯珠在景观照明中应用非常广泛。三合一 LED 有不同的封装，如 3535、5050 等。其中，5050 封装的 LED 灯珠实物和引脚分布如图 2.16 所示，外形尺寸如图 2.17 所示。

光相加

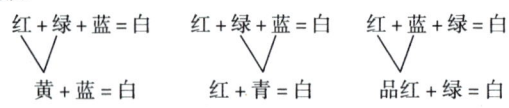

红+绿+蓝=白　　红+绿+蓝=白　　红+蓝+绿=白
　　↘　　　　　　　↘　　　　　　　↘
黄+蓝=白　　　　红+青=白　　　　品红+绿=白

从"红+绿+蓝=白"可以推导出颜料相减时，蓝=白-红-绿

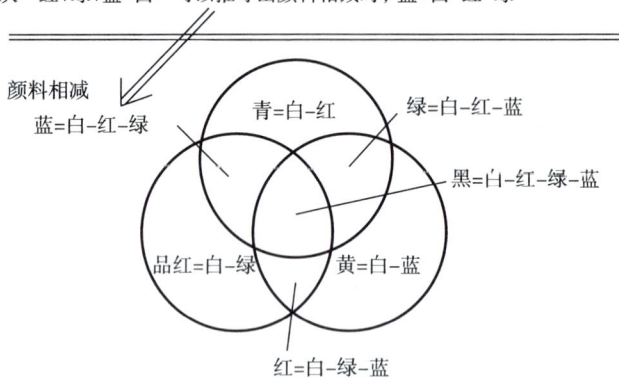

颜料相减
蓝=白-红-绿

青=白-红　　　绿=白-红-蓝

黑=白-红-绿-蓝

品红=白-绿　　　黄=白-蓝

红=白-绿-蓝

光色混合

图 2.15　光色混合图

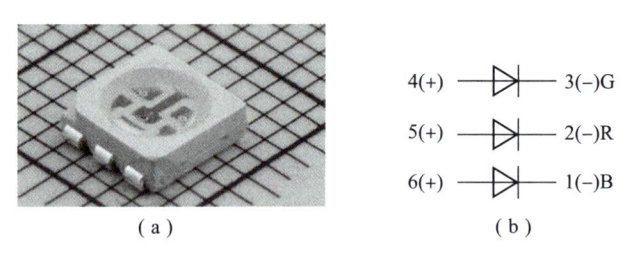

(a)

4(+) ─▷├─ 3(-)G
5(+) ─▷├─ 2(-)R
6(+) ─▷├─ 1(-)B

(b)

图 2.16　5050 三色 LED 灯珠实物（a）和引脚分布（b）

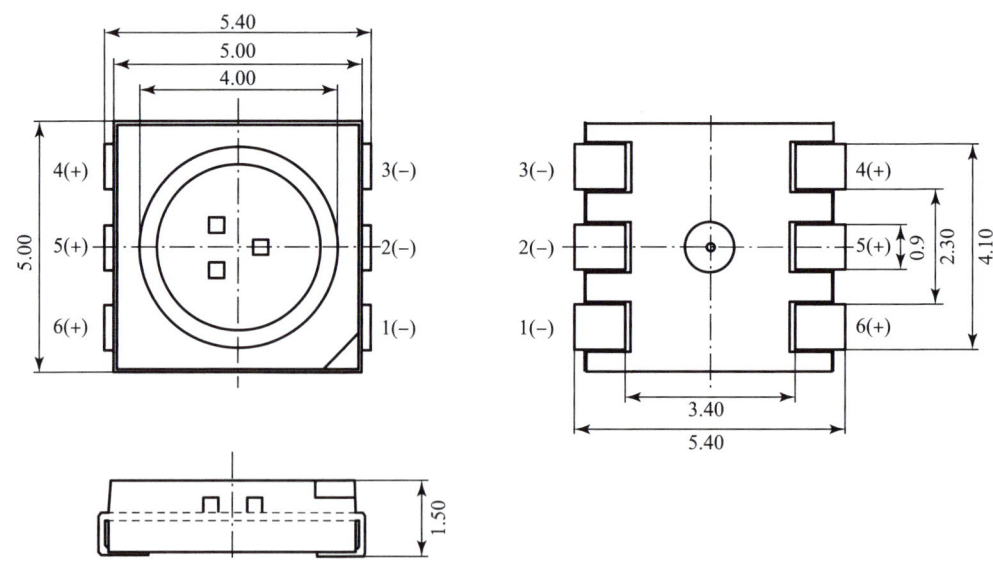

图 2.17　三色 LED 灯珠外形尺寸

三色 LED 灯珠的参数见表 2.3。

表 2.3 LED 灯珠的参数

名称	符号	条件	最小值	典型值	最大值	单位
正向电压	V_F ($I_F = 20$ mA)	GB	2.8	3.0	3.4	V
		R	1.8	2.0	2.4	V
反向电流	I_R	$V_R = 5$ V	—	—	2	μA
中心波长	A_d ($I_F = 20$ mA)	R	620	—	630	nm
		G	520	—	530	nm
		B	460	—	470	nm
光强	I_v ($I_F = 20$ mA)	R	400	—	800	mcd
		G	1 200	—	2 200	mcd
		B	300	—	700	mcd
发光角度	$2\theta_{1/2}$	$I_F = 20$ mA	—	120	—	(°)

3. 应用：彩色 LED 灯带

彩色 LED 灯带上焊接的 LED 灯珠是由红、绿、蓝三个芯片组成的，每个芯片可以单独发光，也可以组合发光。通过控制红、绿、蓝各自不同的电流比例，改变每种颜色芯片的发光强度，进行混光形成各种彩色。RGB 变色采用的方式通常是控制 IC 产生 PWM 或者是模拟电平信号控制每一路的输出电流。

下面以专用彩色 LED 灯带恒流芯片 UCS2904 为例，说明彩色灯带的工作原理。

灯带由 RGBW 四合一、SMD5050 LED 灯珠构成。将 0.2 W 的 LED 组装在带状柔性线路板（FPC）上，由于 FPC 材质柔软，可以任意弯曲、折叠、卷绕，可以在三维空间随意移动及伸缩，并且不会折断。其适用于不规则和空间狭小的环境中，可以有效预防在大量使用过程中损坏灯带。每个 UCS2904B 芯片驱动 3 颗 LED 灯珠，单根灯带长 30 cm，共 24 颗 LED 灯珠。灯带实物如图 2.18 所示。

图 2.18 灯带实物

LED 驱动芯片 UCS2904B 接收控制命令，并将命令转换成恒流输出，从而实现对 LED 灯带的控制。驱动芯片的 4 个通道：OUTR 接红色 LED 串、OUTG 接绿色 LED 串、OUTB 接蓝色 LED 串、OUTW 接白色 LED 串，输出端口 PWM 控制能够实现 256 级亮度调整。芯片采用单线通信方式，数据传输速率为 800 Kb/s。将前级芯片的数据输出引脚 DO 与后级芯片的数据输入引脚 DIN 连接，可以实现芯片间级连接。

当芯片接收到复位（RESET）信号时，将接收到的 32 位 PWM 脉宽数据输出到 OUTR、OUTG、OUTB、OUTW 引脚，然后准备接收下一帧数据。当接收完新一帧的 32 位数据后，芯片通过 DO 引脚将前一帧 32 位数据转发给后级芯片。

系统采用12 V供电，为防止光源板带电插拔、电源和信号线反接等情况下损坏芯片，在芯片的信号输入及输出引脚各串接一个120 Ω的电阻。为减少地线浪涌干扰芯片，电源和地之间并接一个0.1 μF的电容。驱动模块电路如图2.19所示。

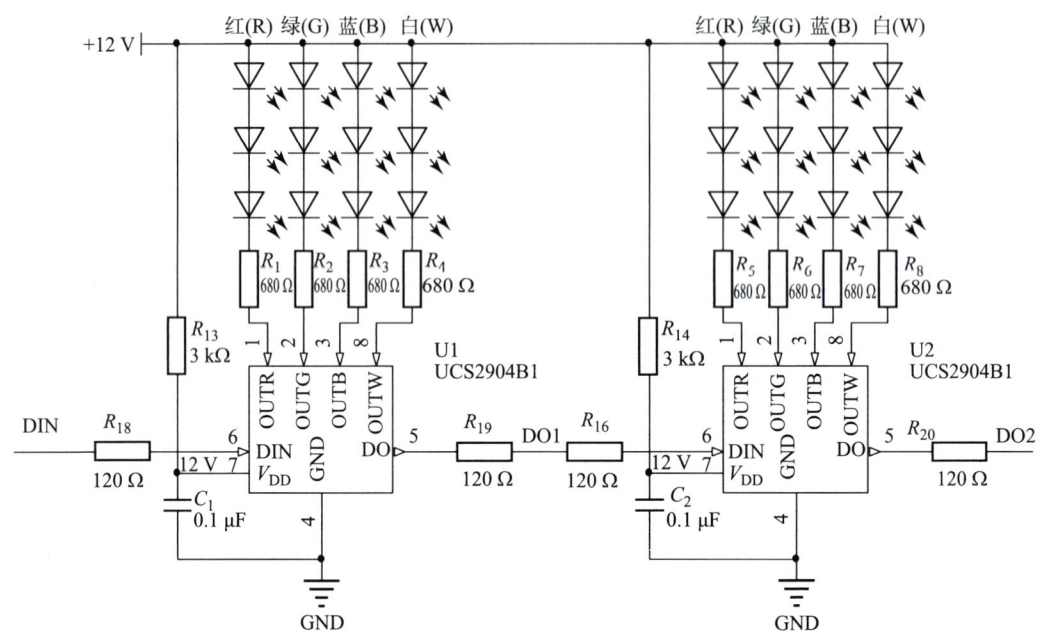

图2.19 驱动模块电路图

4. 测试原理

实训设备由彩色LED灯模块、直流稳压电源和数字万用表构成。通过改变不同LED的输入电压，调节红、绿、蓝LED灯的亮灭，实现七彩照明，可得到红、绿、蓝、黄、青、紫和白光色。原理图如图2.20所示。

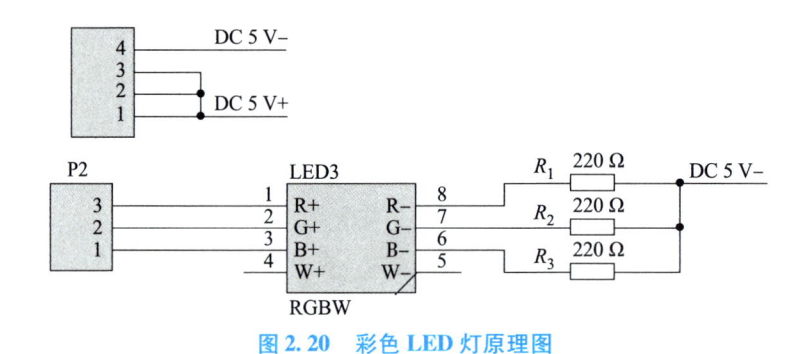

图2.20 彩色LED灯原理图

2.2.3 任务实施

1. 注意事项

①直流稳压电源输出电压设定为5 V，使用直流稳压电源最左边两个红、黑输出端。

②要按照实训电路连接电路，电源正、负极不能接反，否则，LED 光源不亮。
③测试过程中防止短路，以免烧坏模块。

2. 操作步骤

①使用数字万用表分别测量红、绿、蓝 LED 灯的工作电压，并将测试结果计入表 2.4。

表 2.4 不同颜色 LED 灯工作电压表

颜色	红（R）	绿（G）	蓝（B）
工作电压/V			

②用万用表欧姆挡测量彩色 LED 灯板上 DC 5 V + 和 DC 5 V − 之间电阻大小，阻值要大于 1 kΩ。

③正确连接电源线，分别把红、绿、蓝 LED 灯的正极与 DC 5 V + 连接，观察 LED 灯颜色，并测定不同颜色时的工作电流，将测试结果计入表 2.5。

表 2.5 不同颜色 LED 灯工作电流表

颜色	红（R）	绿（G）	蓝（B）
工作电流/mA			

④同时把红＋绿、红＋蓝、蓝＋绿、红＋绿＋蓝 LED 灯的正极与 DC 5 V + 连接，观察 LED 灯颜色，并记录混光得到的颜色，并将测试结果计入表 2.6。

表 2.6 不同颜色 LED 灯工作电流表

颜色	红＋绿	红＋蓝	蓝＋绿	红＋绿＋蓝
混光色				

红、绿、蓝三种 LED 灯工作电流不同，发光强度与电流大小有关，调节电流可得到不同混光颜色和不一样的照度。通过本实例练习，可提高对景观照明的认识。

任务评价

任务评价表

序号	评价类型	赋分	评价指标	分值	得分 自评	得分 互评	得分 教师评
1	职业能力	60	线路连接正确	20			
			输入电源调节正确	10			
			测试参数完整	10			
			测试参数正确	20			

续表

序号	评价类型	赋分	评价指标	分值	得分 自评	得分 互评	得分 教师评
2	职业素养	20	敬业精神，遵守纪律	5			
			沟通协作，问题解决	5			
			操作规范性，安全意识	5			
			创新思维，方案优化	5			
3	劳动素养	10	任务按时完成，填写认真	3			
			工位整洁，工具归位	5			
			任务参与度，工作态度	2			
4	思政素养	10	思政素材学习情况	5			
			对"创新思维，目标导向"认识程度	5			
			总分				

课后拓展

设计彩色 LED 灯

思考与讨论

1. 如何使用 RGB 三色 LED 灯珠实现白光？

2. 由于相同电流时，不同颜色 LED 发光效率不同，要实现标准混光效果，如何设计 R、G、B 三色 LED 驱动电路？

任务 2.3　设计 LED 光源原理图

学习目标

★ 了解 LED 光源需求
★ 能对客户的 LED 光源需求进行分析
★ 掌握 LED 光源设计的基本方法
★ 能对光源中 LED 进行合理的选型
★ 能设计 LED 光源原理图
★ 会绘制 LED 光源原理图

素质拓展

★ 思维方法：具体问题具体对待

> 在产品设计中，首先要确定设计该产品的目的是什么。可以是发现了生活中的某些痛点，可以是要优化已有产品的一些问题或升级，也可以是填充某个市场方面的空白，甚至可以是对于产品的一些心得感悟。同时，设计的产品必须能够说服用户，甚至能够勾起用户的某些情怀，不能让产品的存在可有可无。
>
> 确定了产品设计的目的之后，就要考虑产品是为哪一类人群解决问题，即产品的目标用户是谁，以及他使用产品的理由是什么。知道了产品的用户人群，就开始了解为什么用户会出现这样的问题，只有了解问题产生的原因，才能更好地解决问题。在解决问题过程中，要具体问题具体对待。

实训设备

（1）计算机　　　　　　　　1 台
（2）Altium Designer 软件　　1 个

2.3.1　任务分析

LED 光源在智能照明系统中属于关键模块，决定着照明效果。电子产品设计中，电路原理图的设计是基础。使用绘图软件绘制电路原理图是电子工程师必备的技能。本任务主要学习 LED 光源原理图设计，根据设计要求，分析关键参数，对 LED 进行选型，设计光源电路，并使用 Altium Designer 软件绘制原理图。

光源设计要求：用两种不同色温 LED 灯珠设计可调色温光源，设计参数要求见表 2.7。

表 2.7 需求参数表

供电电压	尺寸/mm	光通量/lm	额定功率/W	色温/K	显色指数
DC 24 V	660	540	6	3 000 ~ 6 500	≥80

注：（1）色温变化不影响光源总体功率。
（2）光通量公差范围 0 ~ +20%。
（3）实际功率为额定功率的 80% ~ 120%。

2.3.2 相关知识

1. LED 阵列

照明用 LED 灯一般采用模块（或模组）的形式，即将多个 LED 按阵列排布，并安装在一个电路板上，使其光通量达到规定的照明要求。LED 阵列连接有串联、并联、串并混联等形式。

（1）LED 串联阵列

串联阵列连接是将多颗 LED 灯珠串接在一起，电路中 LED 灯珠以串联方式连接，如图 2.21 所示。在 LED 串联阵列中，通过每个 LED 的电流相同。在低于 10 W，单颗灯珠大于 0.5 W 的 LED 照明应用中，串联连接是一种最常见的解决方案，当 LED 阵列中 LED 的颗粒数量多于 20 个时，串联连接方案则不再适用。

图 2.21 串联阵列

优点：流过 LED 电流相同，LED 工作时亮度基本一致。
缺点：其中一个 LED 开路，整个电路不工作（所有 LED 都不亮）。
说明：串联方式中任意一个 LED 出现开路状态时（可能是品质不良或其他故障），所有 LED 都会不亮。解决办法是在每个 LED 两端并联一个齐纳二极管（稳压管）。在实际工作中选择齐纳二极管时，其击穿电压要比 LED 的导通电压高。此方案在 LED 的数量多时不宜采用。

串联 LED 的保护：
在串联的 LED 灯串中，只要有一个 LED 开路，其余的 LED 将会全部熄灭。解决的办法有很多，例如可以在每个 LED 上并联一个击穿电压高于 LED 导通压降的稳压二极管。当某一只 LED 断开时，并联的稳压二极管将会击穿导通，为 LED 灯串提供一个电流通路。

（2）LED 并联阵列

LED 阵列可以采用如图 2.22 所示的并联连接形式。在并联 LED 阵列中，加到每个 LED 上的电压相同，如果 LED 的伏安特性不匹配，通过 LED 的电流也就会不相等，LED 亮度则不一致。当 LED 并联阵列所含 LED 数量较多时，如果有一个 LED 开路，其余 LED 仍会发光；当 LED 数量较少时，一旦出现某个 LED 开路，其他支路上 LED 的电流会增加很多，有可能将其烧毁。

LED 并联连接形式的特点是要求驱动电源输出低压、大电流。这种连接方案在电池供电的背光照明应用中才会使用，但一般不适合工频市电供电的 LED 照明应用。

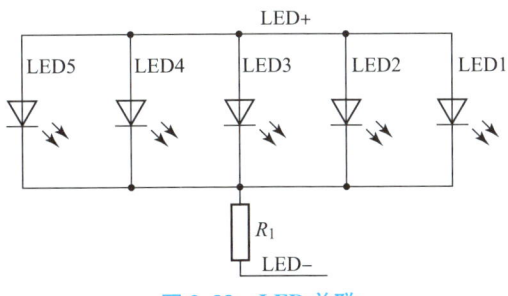

图 2.22　LED 并联

优点：其中任意一个 LED 出现开路，都不会影响其他 LED 工作。

缺点：LED 驱动器要提供较大电流。

说明：当选择 LED 的 V_F 一致性差时，通过每个 LED 的电流大小不一致都会造成 LED 的亮度有明显差异。这是由于 LED 制造技术的限制，这种差异是不可避免的。因此，并联方式选择 LED 时，要求 LED 的 V_F 一致性好，在实际设计中，一般不采用直接并联方式。

由于现在 LED 都采用恒流驱动，并且输出电流保持不变，当某一 LED 断路时，分配给剩余 LED 的电流会增大，可能导致剩余 LED 损坏。解决办法是尽可能多地并联 LED。LED 以并联方式连接时，建议选择恒压电源（开关电源）进行驱动。

（3）LED 混合联

LED 混合联阵列分先串后并、先并后串和交叉联三种形式。

①先串后并。

先串联后并联电路是先把多颗 LED 灯珠串联形成一串，再把这样的多串并联在一起，形成 LED 阵列。如图 2.23 所示，先串联 6 颗 LED 灯珠构成一串，再把 4 串并联在一起，形成 6 串 4 并 LED 阵列。

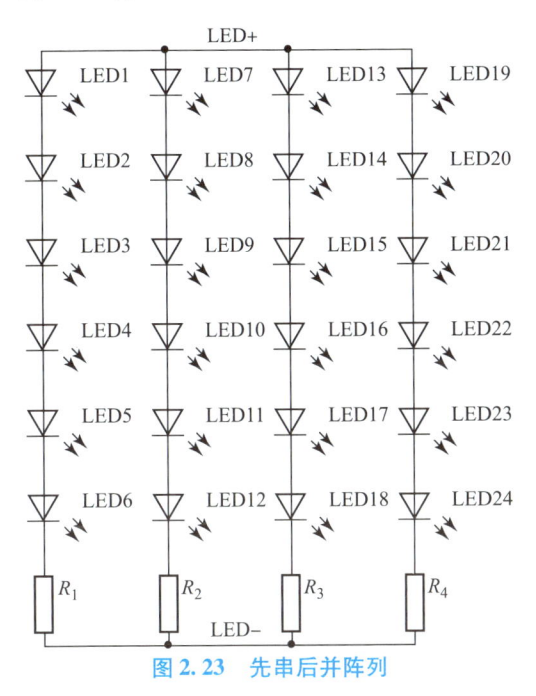

LED 串联阵列

图 2.23　先串后并阵列

该阵列的优点是线路简单、亮度稳定、可靠性高，并且对器件的一致性要求较低，不需要特别挑选器件，即使个别 LED 单管失效，对整个发光组件的影响也较小。在工作环境因素变化较大的情况下，使用这种连接形式的 LED 阵列效果较为理想。

②先并后串。

先并联后串联电路是先把多颗 LED 灯珠并联形成一组，再把这样的多组串联在一起，形成 LED 阵列。如图 2.24 所示，先并联 4 颗 LED 灯珠构成一组，再把 6 组串联在一起，形成 4 并 6 串的 LED 阵列。

先并后串混合连接构成的 LED 阵列的问题主要是在单组并联 LED 中，由于器件和使用条件的差别，单组中个别 LED 芯片可能丧失 PN 结特性，出现短路。个别器件短路会使未失效的 LED 失去工作电流 I_F，导致整组 LED 熄灭，总电流全部从短路器件中通过，而较长时间的短路电流又会使器件内部的键合金属丝或其他部分烧毁，出现开路。这时，未失效的 LED 重新获得电流，恢复正常发光，只是工作电流 I_F 较原来稍大一点。这就是先串后并阵列出现先是一组中几只 LED 一起熄灭，一段时间后，除其中一只 LED 不亮外，其他 LED 又恢复正常的原因。

优点：结合了串、并联各自的优点。

缺点：电路设计较复杂。

说明：LED 以混联方式连接时，要求 LED 数量平均分配，其分配在同一串 LED 上的电压相同，流过同一串每个 LED 上的电流也基本相同（流过每串 LED 的电流也大致相同），LED 亮度也大致相同。混联方式连接的 LED，故障形式多表现为 LED 短路。混联的连接方式对 LED 的参数要求较宽且适用范围大，是目前 LED 照明电路设计中最多采用的连接方式。

LED 并联阵列　　LED 混合联

③交叉联。

LED 交叉阵列连接是一种特殊类型的混联连接形式，如图 2.25 所示。交叉阵列连接方案的优点是有

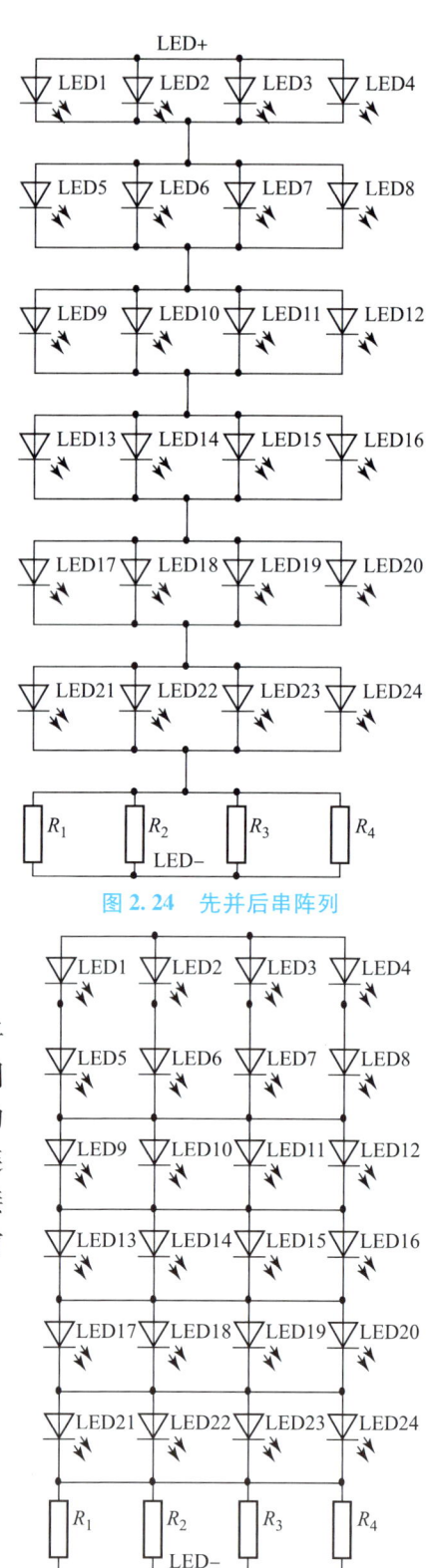

图 2.24　先并后串阵列

图 2.25　交叉阵列

助于提高 LED 模块的可靠性,某一个 LED 失效,只要阵列中 LED 的数量不是太少,就不会导致 LED 阵列整体上的不亮。

优点:其中任何一个 LED 开路或短路,不至于造成整个电路不工作。

缺点:电路设计复杂。

说明:LED 以交叉阵列方式连接时,其中任意一个 LED 因品质不良短路,在刚刚发生短路时,与发生短路 LED 并联的一组 LED 将全部不亮。因驱动电源输出电流保持不变,所有输出电流将加载到短路 LED 上,会将 LED 器件内部的键合金丝或其他部分烧断变成断路。由于断路 LED 对整个阵列电流的分配影响较小,交叉阵列连接方式中断路 LED 将不亮,对整个电路影响极小,整个电路仍可以正常工作。

2. 光源板设计方法

LED 光源板设计主要是根据客户需求,首先必须明确系统的设计任务,根据任务进行方案选择,然后对方案中的各个部分进行单元的设计、参数计算和器件选择,最后将各个部分连接在一起,画出一个符合设计要求的完整的系统电路图。

(1) 明确系统的设计任务要求

对系统的设计任务进行具体分析,充分了解系统的性能、指标、内容及要求,以明确系统应完成的任务。把系统要完成的任务分配给若干个单元电路,并画出能表示各单元功能的系统原理框图。

(2) 方案选择

方案选择是根据掌握的知识和资料,针对系统提出的任务、要求和条件,完成系统的功能设计。在这个过程中,要敢于探索,勇于创新,力争做到设计方案合理、可靠、经济,功能齐全,技术先进,并且要不断对方案的可行性和不足进行分析,设计出完整框图。框图必须正确体现出系统功能和各组成模块的功能,清楚表示系统基本组成模块和相互关系。

3. 光源板原理图设计步骤

原理图设计是根据已选择的系统方案,进行单元电路设计,并绘制出原理图。

(1) 单元电路设计

根据系统的指标和功能框图,明确各部分任务,进行各单元电路的设计、参数计算和器件选择。单元电路是系统的组成部分,只有设计好各单元电路,才能保证系统功能和可靠性。每个单元电路设计前,都需明确该电路要实现的功能,详细拟定出单元电路的性能指标、与前后级之间的关系,分析电路的组成形式。

单元电路设计时,可以模仿典型电路,也可以进行创新或改进,但都必须保证性能要求。不仅单元电路本身要设计合理,各单元电路间也要互相配合,注意各部分的输入信号、输出信号和控制信号的关系。为了保证单元电路达到功能指标要求,就需要用电子技术知识对参数进行计算。例如,放大电路中各电阻值、放大倍数的计算;振荡器中电阻、电容、振荡频率等参数的计算。只有很好地理解电路的工作原理,正确利用计算公式,计算的参数才能满足设计要求。参数计算时,同一个电路可能有几组数据,注意选择一组能完成电路设计要求的功能,在实践中能真正可行的参数。

参数计算注意事项:

①元器件的工作电流、电压、频率和功耗等参数应能满足电路指标的要求。

②元器件的极限参数必须留有足够充裕量,一般应大于额定值的 1.5 倍。

③电阻和电容的参数应选计算值附近的标称值。

器件选择原则：

电阻和电容种类很多，正确选择电阻和电容是很重要的。不同的电路对电阻和电容性能要求也不同，有些电路对电容的漏电要求很严，还有些电路对电阻、电容的性能和容量要求很高。例如滤波电路中常用大容量（100~3 000 μF）铝电解电容，为滤掉高频，通常还需并联小容量（0.01~0.1 μF）瓷片电容。设计时，要根据电路的要求选择性能和参数合适的阻容元件，并要注意功耗、容量、频率和耐压范围是否满足要求。

分立元件包括二极管、晶体三极管、场效应管、光电二/三极管、晶闸管等，根据其用途分别进行选择。选择的种类不同，注意事项也不同。例如，选择晶体三极管时，首先确定是选择 NPN 型还是 PNP 型管，是高频管还是低频管，是大功率管还是小功率管，并确定参数 P_{CM}、I_{CM}、B_{VCEO}、I_{CBO}、T 和 β 是否满足电路设计指标的要求。

集成电路选择：由于集成电路可以实现很多单元电路甚至系统电路的功能，所以选用集成电路来设计单元电路和总体电路既方便，又灵活，不仅使系统体积缩小，而且性能可靠，便于调试及运用，在设计电路时颇受欢迎。集成电路又分为模拟集成电路和数字集成电路。国内外已生成出大量集成电路，其器件的型号、原理、功能、特征可查阅有关手册。选择的集成电路不仅要在功能和特性上实现设计方案，而且要满足功耗、电压、速度、价格等多方面的要求。

（2）绘制电路图

电路图通常是在系统框图、单元电路设计、参数计算和器件选择的基础上绘制；是组装、调试和维修的依据。绘制电路图时要注意几点：

①布局合理，排列均匀，图片清晰，便于看图，有利于对图的理解和阅读。有些系统电路是由多个单元电路组成的，绘图时，应尽量把总电路图画在一张图纸上。如果电路比较复杂，需绘制几张图，则应把主电路画在同一张图纸上，把一些比较独立或次要的部分画在另外的图纸上，并在图的断口两端做上标记，标出信号从一张图到另一张图的引出点和引入点，以此说明各图纸在电路连线之间的关系。有时为了强调并便于看清各单元电路的功能关系，每一个功能单元电路的元件应集中布置在一起，并尽可能按工作顺序排列。

②注意信号的流向，一般从输入端和信号源画起，由左至右或由上至下按信号的流向依次画出各单元电路，而反馈通路的信号流向则与此相反。

③图形符号要标准，图中应加适当的标注。图形符号表示器件的项目或概念。电路图中的中、大规模集成电路器件一般用方框表示，在方框中标出型号，在方框的两侧标出每根线的功能名称和管脚号。图中除大规模器件外，其余元器件符号应当标准化。

④连接线应为直线，并且交叉和折弯应最少。通常连接可以水平或垂直布置，一般不画斜线，相互连通的线需要在连接处添加连接点，连接点用圆形实心点表示；根据需要，可以在连接线上加注信号名或其他标记，表示其功能或其去向。连线可用符号表示。例如，电源一般标电源电压的数值，地线用符号▼表示。

2.3.3 任务实施

1. 注意事项

①LED 灯珠测试时，LED 灯珠极性不要装反。

②LED 驱动电流设置不能超出范围。

③测试距离设置要正确，挡板使用完毕后要移开。
④测试结束后，清洁桌面和地面，整理工具。

2. 操作步骤

（1）方案设计

①LED 串联颗数。

由于光源采用低压 DC 24 V 供电，白光 LED 灯珠工作电压大于 3 V，因此，LED 串联最多为 7 颗。

②总电流 I。

$\frac{6 \times 80\%}{24} \leq I \leq \frac{6 \times 120\%}{24}$，即 $0.2 \text{ A} \leq I \leq 0.3 \text{ A}$，单位转换成 mA，即 $200 \text{ mA} \leq I \leq 300 \text{ mA}$。

③LED 灯珠。

根据设计要求，选择单颗 LED 0.5 W，冷色温 7 000 K，暖色温 3 000 K，2835 封装。LED 灯珠测量参数见表 2.8。

表 2.8　LED 灯珠测量参数

I_F/mA	V_F/V	P/mW	Φ/lm	光效/(lm·W^{-1})	x	y	T_c/K	R_a
150	3.635	545.3	60.68	111.28	0.313 4	0.330 3	6 455	80.2
150	3.116	467.5	55.58	118.88	0.377 4	0.372 8	3 000	82.2

④阵列设计。

单色温 LED 阵列采用 7 串 2 并，3 000 K 和 6 500 K 两种色温构成两组，电路图如图 2.26 所示。

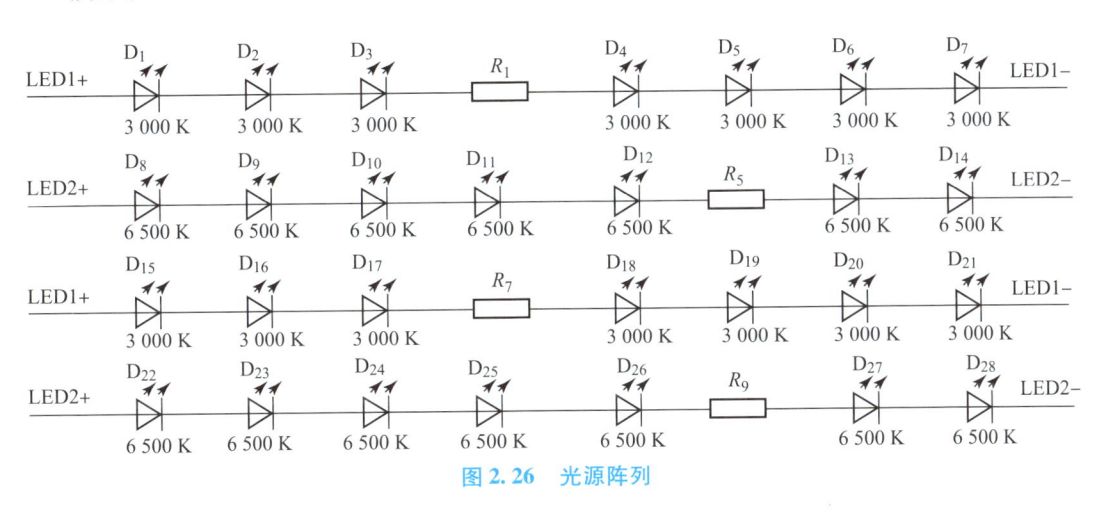

图 2.26　光源阵列

设计中，3 000 K 灯珠和 6 500 K 灯珠分别驱动，驱动电源采取恒流驱动，单串电流取 110 mA，则 3 000 K 灯珠全亮时总功率 P 为：

$$P = 110 \text{ mA} \times 2 \times 24 \text{ V} = 5.28 \text{ W}$$

同理，6 500 K 全亮时，总电流为 220 mA。满足设计要求。

电阻设计：

根据电阻封装与功率关系，见表 2.9。电路中的电阻取 1206 封装。为了提高光源板可靠性和寿命，电阻的工作功率小于其额定功率一半。

表 2.9　电阻封装与功率

封装	0603	0805	1206	1210	2010	2512
功率/W	1/10	1/8	1/4	1/3	3/4	1

电阻阻值计算：

$$R < \frac{1}{2}P_{额定}/I^2 = \frac{0.5 \times 0.25}{0.11 \times 0.11} = 10.33（\Omega）$$

电阻值取 10 Ω、6.8 Ω、5.1 Ω、0 Ω。

总光通量计算：

色温 3 000 K　　　　$\Phi = \frac{110}{150} \times 55.58 \times 14 = 570.6$（lm）

色温 6 500 K　　　　$\Phi = \frac{110}{150} \times 60.68 \times 14 = 623$（lm）

由以上计算可知，冷、暖两种色温情况下的光通量都能满足设计要求。

（2）绘制原理图

使用 Altium Designer Winter 09 绘制原理图。绘制原理图之前，确保已经有 LED 灯珠的封装，否则，要绘制 LED 元器件封装库。2835 LED 封装尺寸如图 2.27 和图 2.28 所示。

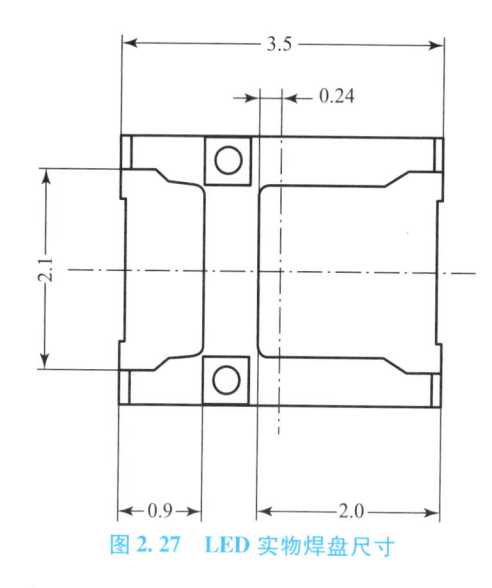

图 2.27　LED 实物焊盘尺寸　　　　图 2.28　LED PCB 焊盘尺寸

原理图绘制步骤如下：

第一步：新建 PCB 工程，如图 2.29 所示。

第二步：新建原理图，如图 2.30 所示，命名为"光源板.sch"，并加入 PCB 工程中。

光源板原理图设计

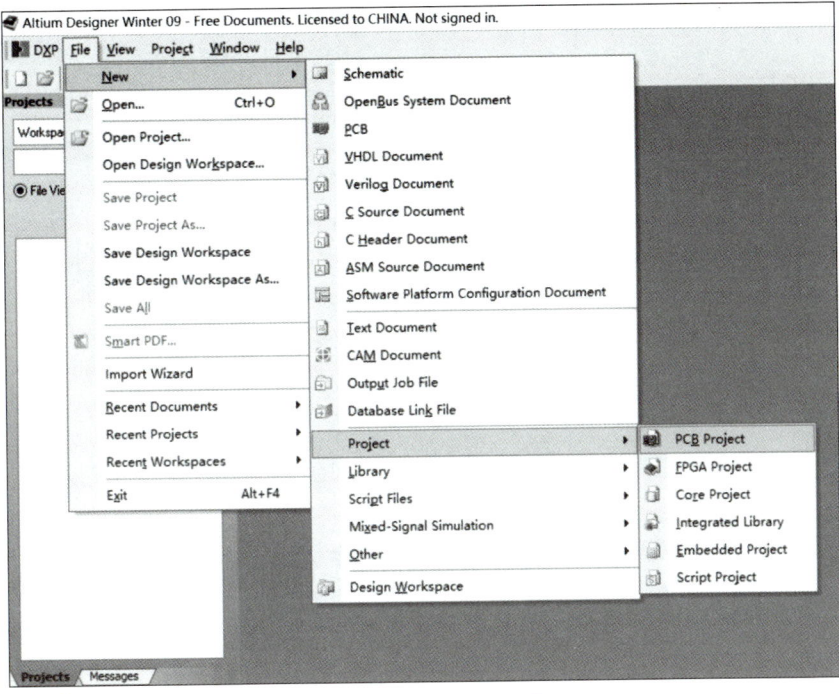

图 2.29　新建 PCB 工程

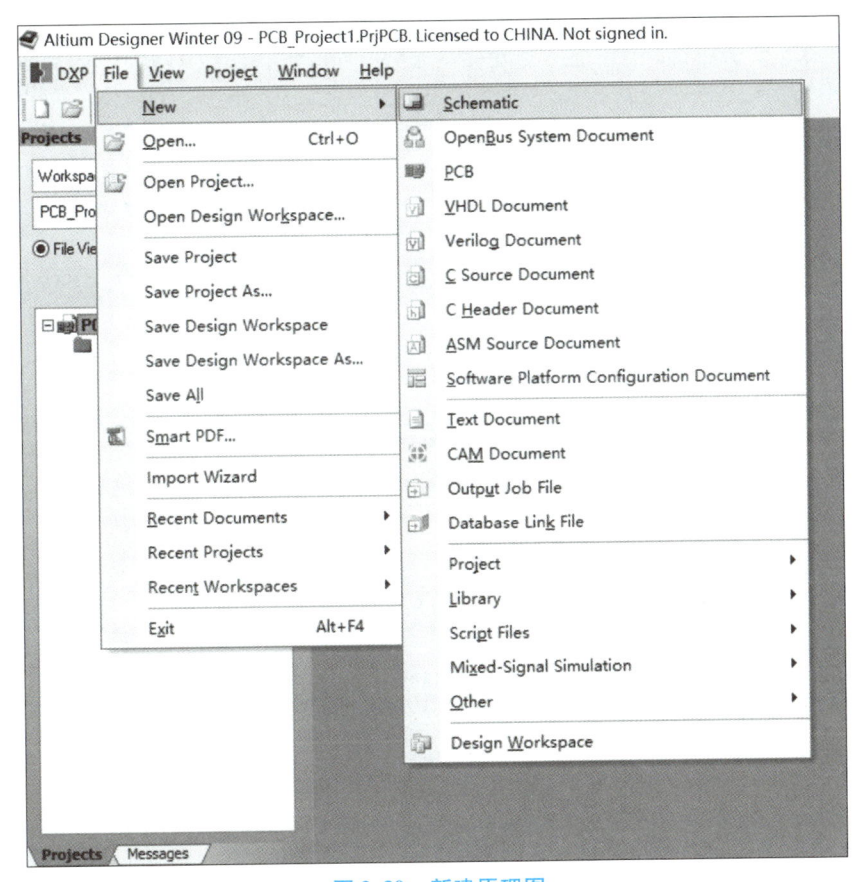

图 2.30　新建原理图

第三步：绘制原理图，并设置好网络，如图 2.31 所示。

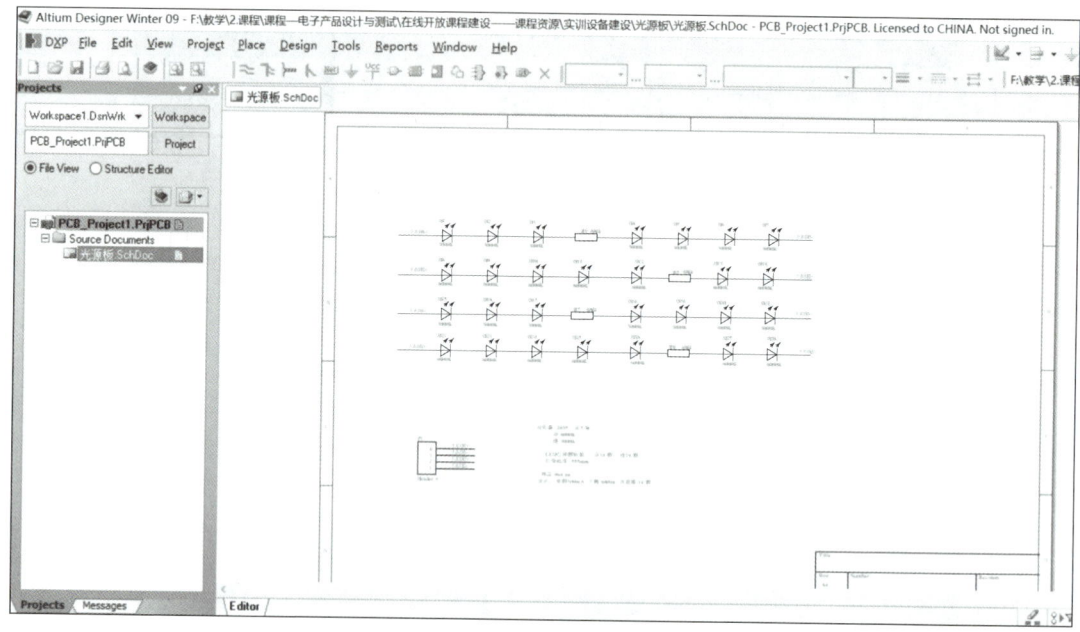

图 2.31　绘制原理图

任务评价

任务评价表

光源板设计分析

序号	评价类型	赋分	评价指标	分值	得分 自评	得分 互评	得分 教师评
1	职业能力	60	LED 选型正确	10			
			设计方案合理	20			
			原理图绘制完整	10			
			原理图连线正确	20			
2	职业素养	20	敬业精神，遵守纪律	5			
			沟通协作，问题解决	5			
			操作规范性，安全意识	5			
			创新思维，方案优化	5			
3	劳动素养	10	任务按时完成，填写认真	3			
			工位整洁，工具归位	5			
			任务参与度，工作态度	2			

续表

序号	评价类型	赋分	评价指标	分值	得分 自评	互评	教师评
4	思政素养	10	思政素材学习情况	5			
			对"具体问题具体对待"认识程度	5			
			总分				

课后拓展

思考与讨论

参考实训中 LED 光源设计,采取 DC 12 V 供电,其他参数不变,试设计电路,并画出原理图。

任务 2.4 设计 LED 光源 PCB

学习目标

- ★ 了解 PCB 设计原则
- ★ 掌握 LED 光源板设计要求
- ★ 会设计 LED 灯珠的元器件库
- ★ 能绘制 LED 光源板 PCB 图

素质拓展

- ★ 工匠精神：精益求精

一把焊枪，能在眼镜架上"引线绣花"，能在紫铜锅炉里"修补缝纫"，也能给大型装备"把脉问诊"……在"七一勋章"获得者、湖南华菱湘潭钢铁有限公司焊接顾问艾爱国的眼里，不管是什么材质的焊接件、多么复杂的工艺，基本没有拿不下的活儿。

在所有焊接中，大型铜构件难度最大。因为需要在超过 700 ℃ 高温下，在几分钟的时间窗口内，精准找到点位连续施焊，稍不留神就前功尽弃。"焊的时候皮肤绷紧，手不自觉地颤抖，不知道能坚持到第几秒。"面对技术、意志力的多重考验，艾爱国将旁人望而却步的事情变成了自己的绝活。

工匠以工艺专长造物，在专业的不断精进与突破中演绎着"能人所不能"的精湛技艺，凭借的是精益求精的追求。

实训设备

（1）2835 封装的 LED 灯珠　　　　　　　1 个
（2）Altium Designer 软件　　　　　　　　1 套
（3）计算机　　　　　　　　　　　　　　1 台

2.4.1 任务分析

电子产品设计中，PCB 图的设计是基础，使用绘图软件绘制电路 PCB 图是电子工程师必备的技能。本任务主要学习 LED 光源 PCB 图设计，并根据设计要求，使用 Altium Designer 软件绘制光源板 PCB 图，如图 2.32 所示。

图 2.32　光源板 PCB 图

2.4.2　相关知识

1. PCB 板设计原则

（1）元器件布局

首先，要考虑 PCB 尺寸大小。PCB 尺寸过大时，印制线条长，阻抗增加，抗噪声能力下降，成本也增加；过小，则散热不好，且邻近线条易受干扰。在确定 PCB 尺寸后，再确定特殊元件的位置。最后，根据电路的功能单元，对电路的全部元器件进行布局。

在确定元件位置时，应遵守以下原则：

①尽可能缩短高频元器件之间的连线，设法减少它们的分布参数和相互间的电磁干扰。易受干扰的元器件不能相互挨得太近，输入和输出元件应尽量远离。

②某些元器件或导线之间可能有较高的电位差，应加大它们之间的距离，以免放电引出意外短路。带高电压的元器件应尽量布置在调试时手不易触及的地方。

③质量超过 15 g 的元器件应当用支架加以固定，然后焊接。那些又大又重、发热量多的元器件不宜装在印制板上，而应装在整机的机箱底板上，并且应考虑散热问题。热敏元件应远离发热元件。

④对于电位器、可调电感线圈、可变电容器、微动开关等可调元件的布局，应考虑整机的结构要求。若是在机箱内调节，应放在印制板上便于调节的地方；若是在机外调节，其位置要与调节旋钮在机箱面板上的位置相适应。

⑤应留出印制板定位孔及固定支架所占用的位置。

根据电路的功能单元对电路的全部元器件进行布局时，要符合以下规则：

①按照电路的流程安排各个功能电路单元的位置，使布局便于信号流通，并使信号尽可能保持一致的方向。

②以每个功能电路的核心元件为中心，围绕它来进行布局。元器件应均匀、整齐、紧凑地排列在 PCB 上，尽量减少和缩短各元器件之间的引线和连接。

③在高频下工作的电路，要考虑元器件之间的分布参数。一般电路应尽可能使元器件平行排列。这样不但美观，而且装焊容易，易于批量生产。

④位于电路板边缘的元器件，离电路板边缘一般不小于 2 mm。电路板的最佳形状为矩形，长宽比为 3∶2 或 4∶3。电路板面尺寸大于 200 mm×150 mm 时，应考虑电路板的机械强度。

（2）布线

布线对 PCB 的性能影响很大，一般要遵循以下原则：

①输入/输出端用的导线应尽量避免相邻平行。最好添加线间地线，以免发生反馈耦合。

②PCB 导线的最小宽度主要由导线与绝缘基板间的黏附强度和流过它们的电流值决定。导线宽度应以能满足电气性能要求而又便于生产为宜，其最小值应由承受的电流大小而定，但最小不宜小于 0.2 mm，在高密度、高精度的线路中，导线宽度和间距一般可取 0.3 mm。

当铜箔厚度为 0.5 mm、宽度为 1~1.5 mm 时，通过 2 A 的电流，温度不会高于 3 ℃，因此，导线宽度为 1.5 mm 可满足要求。对于集成电路，尤其是数字电路，导线宽度通常为 0.02~0.3 mm。当然，只要允许，还是尽可能用宽线，尤其是电源线和地线。

③导线间距必须能满足电气安全要求，导线的最小间距主要由最坏情况下的线间绝缘电阻和击穿电压决定。为了便于操作和生产，导线间距应尽量宽些，对于集成电路，尤其是数字电路，只要工艺允许，可使间距小至 0.5~0.8 mm。在布线密度较低时，信号线的间距可适当加大，对高、低电平悬殊的信号线，应尽可能地短且加大间距。

PCB 的布线要注意以下问题：专用零伏线，电源线的走线宽度大于等于 1 mm；电源线和地线尽可能靠近，整块 PCB 板上的电源与地要呈"#"形分布，以便使分布线电流达到均衡；要为模拟电路专门提供一根零伏线；为减少线间串扰，必要时，可增加印刷线条间的距离，安插一些零伏线作为线间隔离；印刷电路的插头也要多安排一些零伏线作为线间隔离；特别注意电路中的导线环路尺寸；如有可能，在控制线（在 PCB 板上）的入口处加接 R - C 去耦，以便消除传输中可能出现的干扰因素；印刷弧上的线宽不要突变，导线不要突然拐角（大于等于 90°），导线拐弯一般取圆弧形，而直角或夹角在高频电路中会影响电气性能。

(3) PCB 及电路抗干扰措施

• 电源线设计

根据印刷电路板电流的大小，尽量加粗电源线宽度，减少环路电阻。同时，使电源线、地线的走向和数据传递的方向一致，这样有助于增强抗噪声性能。

光源板 PCB 设计

• 地线设计

地线设计原则：

①数字地与模拟地分开。若线路板上既有逻辑电路，又有线性电路，应使它们尽量分开。

低频电路的地应尽量采用单点并联接地，实际布线有困难时，可部分串联后再并联接地。高频电路宜采用多点串联接地，地线应短而粗，高频元件周围尽量用栅格状大面积地箔。

②接地线应尽量加粗。若接地线用很细的线条，则接地电位随电流的变化而变化，使抗噪性能降低。因此，应将接地线加粗，使它能通过 3 倍于印刷板上的允许电流。如有可能，接地线应在 2~3 mm 以上。

③接地线构成封闭环路。只由数字电路组成的印刷板，其接地电路布成封闭环路大多能提高抗噪声能力。

• 大面积敷铜

PCB 板上的大面积敷铜具有两个作用：一为散热，二为减小地线阻抗，并且可以屏蔽电路板的信号交叉干扰，以提高电路系统的抗干扰能力。注意，应尽量避免使用大面积铜箔，否则，长时间受热时，容易发生铜箔膨胀和脱落现象，在必须使用大面积铜箔时，最好设置成栅格状，这样有利于排除铜箔与基板间黏合剂受热产生的挥发性气体。

（4）退耦电容配置

PCB 设计的常规做法之一是在印刷板的各个关键部位配置适当的退耦电容。退耦电容的一般配置原则是：

①电源输入端跨接 10~100 μF 的电解电容器。如有可能，接 100 μF 以上的更好。

②原则上每个集成电路芯片都应布置一个 0.01 pF 的瓷片电容，如遇印刷板空隙不够的情况，可每 4~8 个芯片布置一个 1~10 pF 的钽电容。

③对于抗噪能力弱、关断时电源变化大的器件，如 RAM、ROM 存储器件，应在芯片的电源线和地线之间直接接入退耦电容。

④电容引线不能太长，尤其是高频旁路电容不能有引线。此外，还应注意以下两点：

- 在印刷板中有接触器、继电器、按钮等元件时，这些元器件工作时会产生火花放电，必须采用 RC 电路来吸收放电电流。一般 R 取 1~2 kΩ，C 取 2.2~47 μF。
- CMOS 的输入阻抗很高，且易受感应，因此，在使用时对不用端要接地或接正电源。

2. PCB 板设计步骤

PCB 线路板设计的主要过程如下。

（1）明确 PCB 板设计要求

明确产品要求，主要包括明确功能要求和外观。需要澄清主要功能，以后可以添加少量附加功能，但不应影响产品的主要功能。产品形状的确定非常重要，这将影响以后的 PCB 图纸和组件选择。

（2）PCB 板系统的硬件设计

根据产品的功能要求，确定产品的电源模式、传感器类型、通信模式、人机交互模式、预留接口等。通常，可以使用 Visio 绘制系统框图。系统的框图应该能够描述硬件系统的各种模块电路与整个系统的模块组件之间的关系。

（3）设备选择

根据产品功能选择相关设备，通常包括电源、主控制、传感器、通信、存储和其他芯片选择。选择时，需要考虑芯片的功能、价格、供应和其他因素，以选择适合产品的芯片。

（4）PCB 线路板图

从事电路设计的工程师和技术人员，使用的主流 PCB 设计工具软件是 Allegro、PADS 和 Altium Designer。初学者建议使用 Altium Designer，在网上有更多教程。

（5）PCB 线路板生产打样

PCB 设计完成后，要送 PCB 制造商进行打样。在生产之前，需要向制造商提供生产文件。一种方法是直接提供 PCB 文件，此方法将有产品泄漏的危险；更安全的是提供 gerber 文件。

3. Altium Designer 绘制 PCB 板过程

在 PCB 设计中，最重要的一个面板就是 PCB 面板（图 2.33）。此面板的功能主要是对电路板中的各个对象进行精确定位，并以特定的效果显示出来。此面板还可以对各种对象（如网络、规则及元件封装等）的属性进行设置。总体来说，通过此面板可以对整个电路板进行全局的观察及修改，其功能非常强大。

使用 Altium Designer 软件绘制 PCB 板操作简要说明。

- PCB 面板的按钮

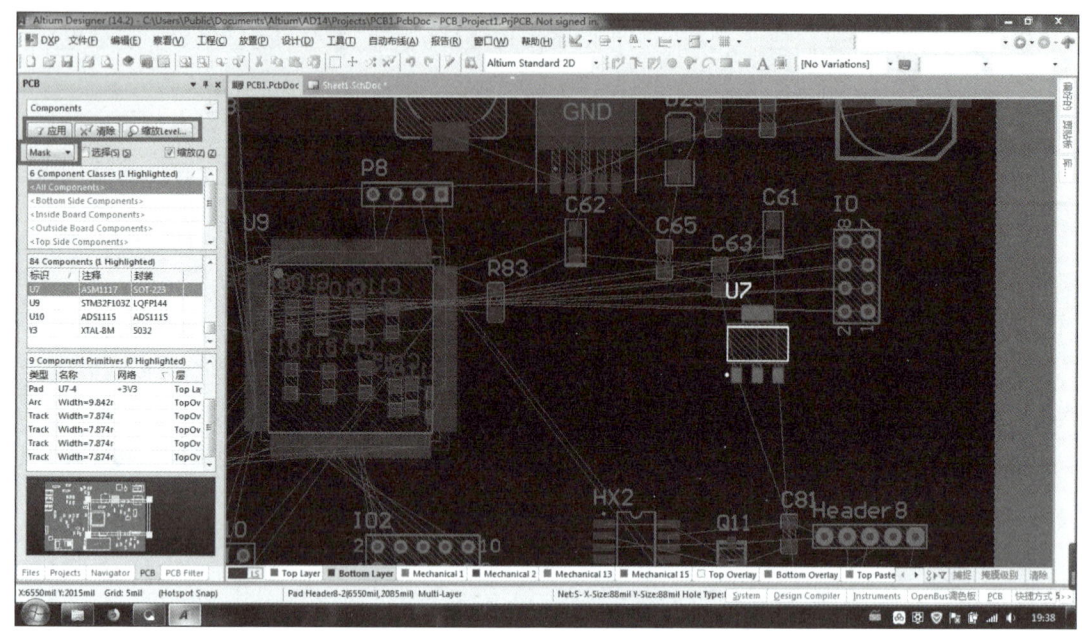

图 2.33　PCB 操作界面

PCB 面板中有 3 个按钮，主要用于视图显示的操作，功能分别如下：

应用：单击此按钮，可恢复前一步工作窗口中的显示效果，类似于"撤销"操作。

清除：单击此按钮，可恢复印刷电路板的最初显示效果，即完全显示 PCB 中的所有对象。

缩放：单击此按钮，可精确设置显示对象的放大程度。

- PCB 下拉列表框

PCB 下拉列表框有 3 个选项，功能分别如下：

Normal：正常选项，表示在显示对象时，正常显示其他未选中的对象。

Mask：遮挡选项，表示在显示对象时，遮挡其他未被选中的对象。

Dim：变暗选项，表示在显示对象时，按比例降低亮度，显示未被选中的对象。

PCB 面板的其他操作如下。

（1）电路板物理结构及编辑环境参数设置

对于手动生成的 PCB，在进行 PCB 的设计前，必须对电路板的各种属性进行详细的设置，主要包括板型的设置、PCB 图纸的设置、电路板层的设置、层的显示设置、颜色的设置、布线框的设置、PCB 系统参数的设置及 PCB 设计工具栏的设置等。

（2）电路板的物理边框

电路板物理边框即为 PCB 的实际大小和形状，板型的设置是在"Mechanical 1（机械层 1）"上进行的。关于电路板的分层，在下文中有详细介绍。

①边线框的设置。

单击"放置"→"走线"（图 2.34）。一般板型定义为矩形，但在特殊的情况下，为了满足电路的某种特殊要求，也可以定义为圆形、椭圆形等形状。当放置的线组成一个封闭的边框时，就可以结束边框绘制。

项目 2　设计 LED 光源

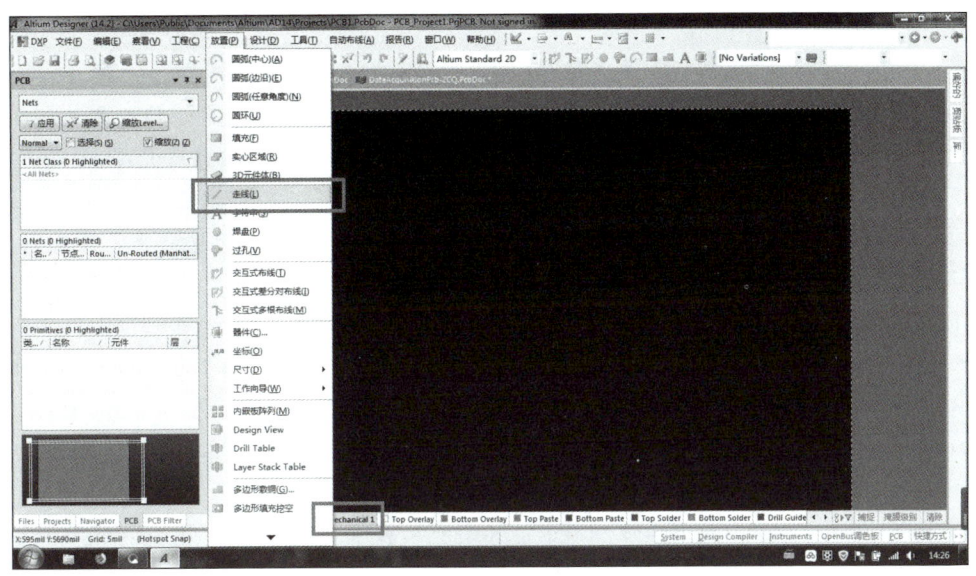

图 2.34　PCB 操作界面

②板形修改。

对边框线的设置主要是为了给制板商提供加工电路板形状的依据。也可以在设计时直接修改板形，即在工作窗口中可直接看到自己设计的电路板的外观形状，然后对板形进行修改。

板形的设置：单击"设计"→"板子形状"→"根据板子外形生成线条"。需要注意的是，需要选中一个封闭的边界。

③电路板图纸的设置（图 2.35）。

与原理图一样，用户也可以对电路板图纸进行设置，默认状态下的图纸是不可见的。

图 2.35　图纸设置操作界面

77

④设置电路板图纸。

单击"设计"→"板参数"选项,或者右击,选择"选项"→"板参数"选项。

图纸位置选项组用于设置 PCB 图纸,从上到下依次可对图纸在 X 轴的位置、在 Y 轴的位置、图纸的宽度、图纸的高度、图纸的显示状态、图纸的锁定状态进行设置。

(3) 设置电路板层

PCB 一般包括很多层,不同的层包含不同的设计信息。制板商通常会将各层分开制作,然后经过压制、处理,最后生成各种功能的电路板。

Altium Designer 一般有以下 6 种类型的工作层。

◆ Signal Layers(信号层):即铜箔层,用于完成电气连接。如 Top Layer、Mid Layer、Buttom Layer。

◆ Internal Planes Layers(中间层):也称为内部电源与地线层,也属于铜箔层,用于建立电源和地线网络。如 Internal Layer。

◆ Mechanical Layers(机械层):用于描述电路板机械结构、标注及加工等生产和组装信息所使用的层面,不能完成电气连接特性。如 Mechanical Layer。

◆ Mask Layers(阻焊层):用于保护铜线,也可以防止焊接错误。如 Top Paste(顶层锡膏防护层)、Bottom Paste(底层锡膏防护层)、Top Solder(顶层阻焊层)、Bottom Solder(底层阻焊层)。

◆ SilkScreen Layers(丝印层):也称为图例,通常用于放置元件标号、文字和符号,以标示出各零件在电路板中的位置。如 Top Overlay(顶层丝印层)、Bottom Overlay(底层丝印层)。

◆ 其他层:Drill Guides(钻孔)、Drill Drawing(钻孔图)、Keep – Out Layer(禁止布线层)。

电路板层的颜色与显示设置:单击"设计"→"板层颜色";或者右击,选择"选项"→"板层颜色"。

常见层数不同的电路板:

▶ 单面板:PCB 中元件集中在其中的一面(元件面),导线集中在另一面(焊接面)。

▶ 双面板:电路板的两面都可以布线,不过,要同时使用两面的布线,就必须在两面之间有适当的电路连接操作,这种电路间的桥梁叫作过孔。过孔是在 PCB 上充满或涂上金属的小洞,它可以与两面的导线相连接。在双层板中,通常不区分元件面和焊接面。

▶ 多层板:常用的多层板有 4 层板、6 层板等。简单的 4 层板是在 Top Layer(顶层)和 Bottom Layer(底层)的基础上增加了电源层和地线层,这样设置的优点是极大程度地解决了电磁干扰的问题;6 层板通常是在 4 层板的基础上增加了两层 Mid Layer。

电路板层设计操作

单击"设计"→"层叠管理",或者右击,选择"选项"→"层叠管理"。

默认为双层板,可在"Presets"中选择预设的最佳设置,如图 2.36 所示。

(4) PCB 布线区的设置

对布线区进行设置的主要目标是为自动布局和自动布线做准备。

①设置 PCB 禁止布线区。

单击"放置"→"禁止布线"→"路径"。需要注意的是,只能在 Keep – Out Layer 层中进

图 2.36　板层设置操作界面

行操作。所绘制的路径必须是一个封闭的边界。

②PCB 文件中导入原理图网络表。

网络表是原理图和 PCB 图之间的联系纽带，原理图与 PCB 图之间的信息可以通过在相应的 PCB 文件中导入网络表的方式完成同步。在执行导入网络表的操作之前，需要在 PCB 设计环境中装载元件的封装库及对同步比较器的比较规则进行设置。

③装载元件的封装库。

如果之前安装的是 .INTLIB，就表示原理图的电子元件和 PCB 图的电子元件全部已经装载过了。如果只是 .SCHLIB，那么这里就需要将对应的 .PCBLIB 进行安装。

④设置同步比较规则。

所谓同步比较，就是使原理图文件和 PCB 文件在任何情况下保持同步，实现这个目标的最终方法是用同步器来实现。

同步器的工作原理就是检查当前的原理图文件和 PCB 文件，得出它们各自的网络报表并进行比较，比较得出的不同的网络信息将作为更新信息，然后根据更新信息便可以完成原理图设计与 PCB 设计的同步。同步比较规则就能决定生成的更新信息，因此，要进行原理图与 PCB 图的同步更新，同步比较规则的设置至关重要。

（5）导入网络报表

导入网络报表的一般步骤：打开对应的 .SchDoc（原理图文件）和 .PcbDoc（PCB 文件），使两个文件都处于打开的状态；在原理图文件中，单击"设计"→"Update PCB Document…PcbDoc"→"生效更改"，执行合法性校验；验证完成后，能在 PCB 上执行所有的更新操作（每一项的"检测"一栏都是"√"标记），执行更改，确认无误。具体操作如图 2.37 和图 2.38 所示。

注：导入网络表时，原理图中的元件并不直接导入用户绘制的布线区内，而是位于布线区外。

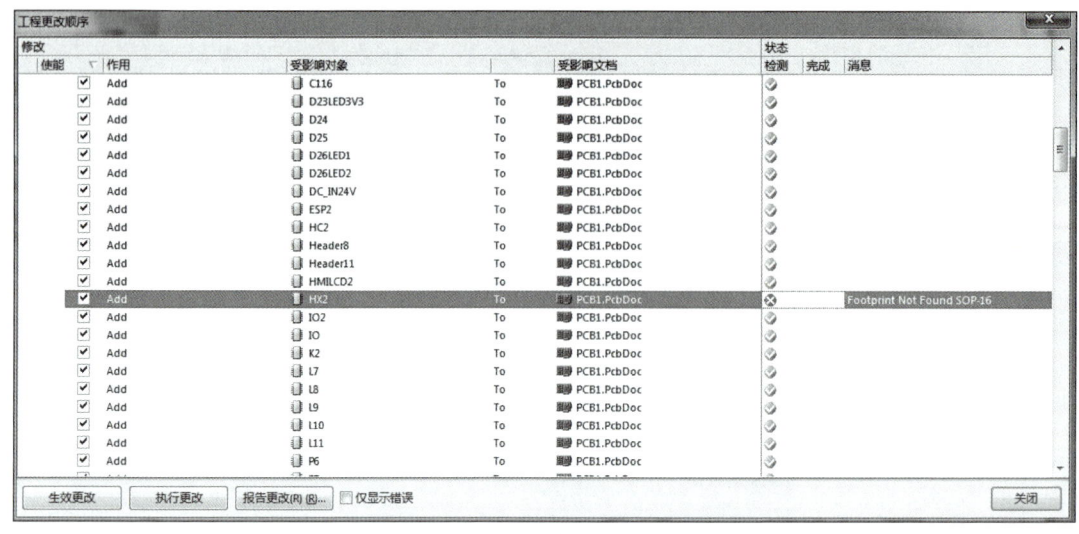

图 2.37　导入网络表操作界面（1）

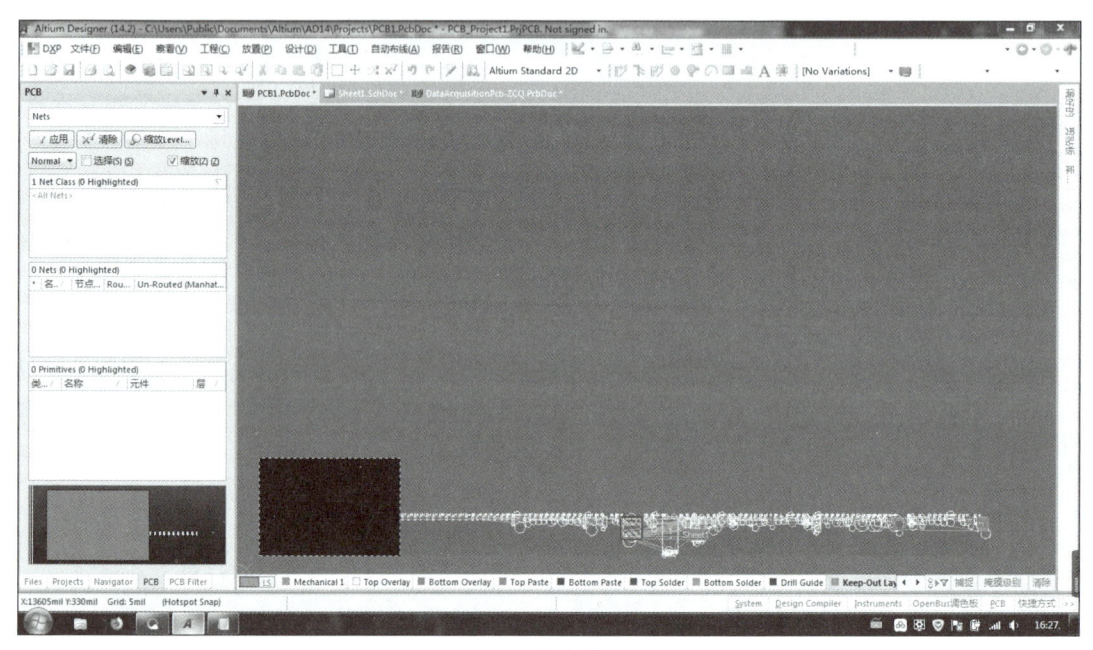

图 2.38　导入网络表操作界面（2）

需要通过随后的布局操作，才能将元件布置到布线区内。

（6）原理图与 PCB 图的自动更新

第一次执行导入网络报表操作时，完成上述操作即可完成原理图与 PCB 图之间的同步更新。如果导入网络表后又对原理图或者 PCB 图进行了修改，那么要快速地完成原理图与 PCB 图之间的双向同步更新操作。

（7）原理图与 PCB 图的同步更新

单击"设计"→"Update Schematic in…PrjPCB"（PCB 图的修改更新到原理图）；

单击"设计"→"Import Changes From…PrjPCB"（原理图的修改更新到 PCB 图）。

需要注意的是，两个操作都是在 PCB 文件中，而不是原理图文件。

2.4.3 任务实施

1. 注意事项

①LED 灯珠测试时，LED 灯珠极性不要装反。
②LED 驱动电流设置不能超出范围。
③测试过程中，积分球要关闭。
④测试结束后，清洁桌面和地面，整理工具。
⑤请勿用手触摸光度探测器的受光面，若探测器的受光面有污物，请用洗耳球或专用的擦镜纸进行擦拭。

2. 操作步骤

设计光源板 PCB 图，具体步骤如下。

第 1 步：新建 PCB 文件，命名为"光源板.PcbDoc"，如图 2.39 所示。

第 2 步：根据电路板尺寸，在 Keep – Out 层画出 255 mm×24 mm 封闭禁止布线框。

由于光源板尺寸通常都是以 mm 为单位的，首先设置长度单位，操作步骤是：单击"Designed"→"Board Options"→"Unit"→"Metric"，具体过程如图 2.40 和图 2.41 所示。

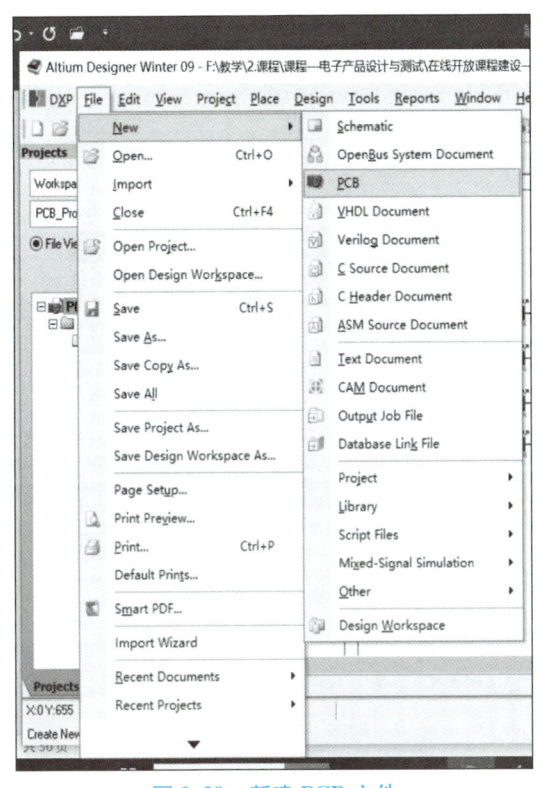

图 2.39 新建 PCB 文件

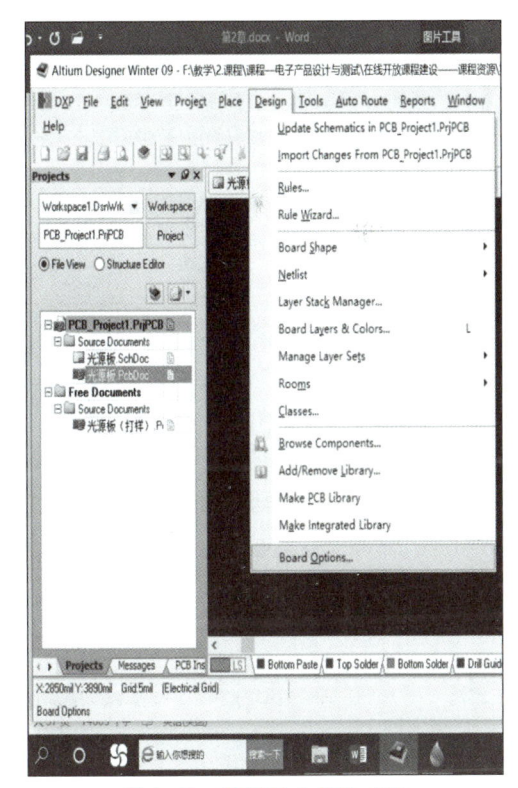

图 2.40 设置长度单位（1）

第 3 步：画线路板长和宽。

先设置坐标原点，操作过程：单击"Edit"→"Origin"→"Set"，如图 2.42 所示。

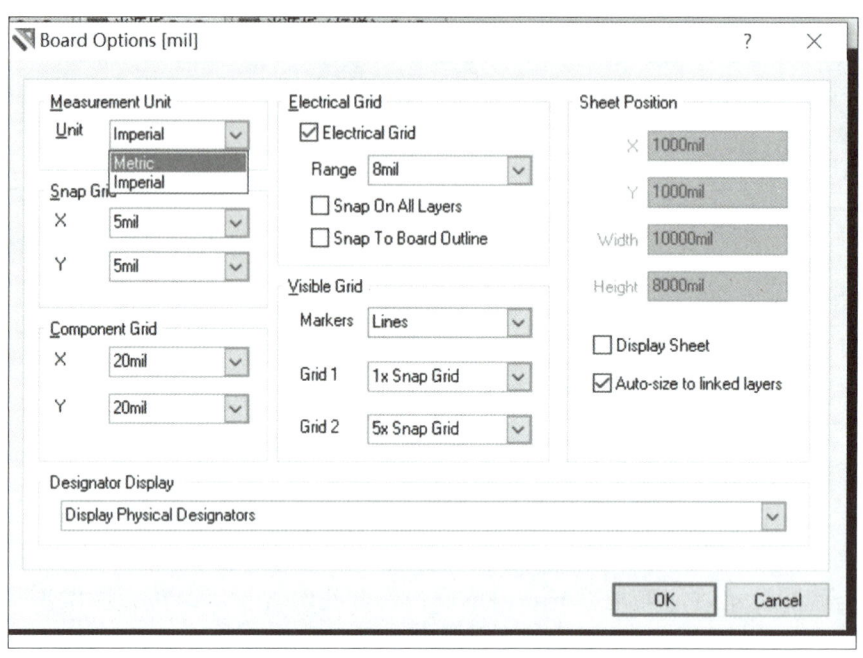

图 2.41 设置长度单位（2）

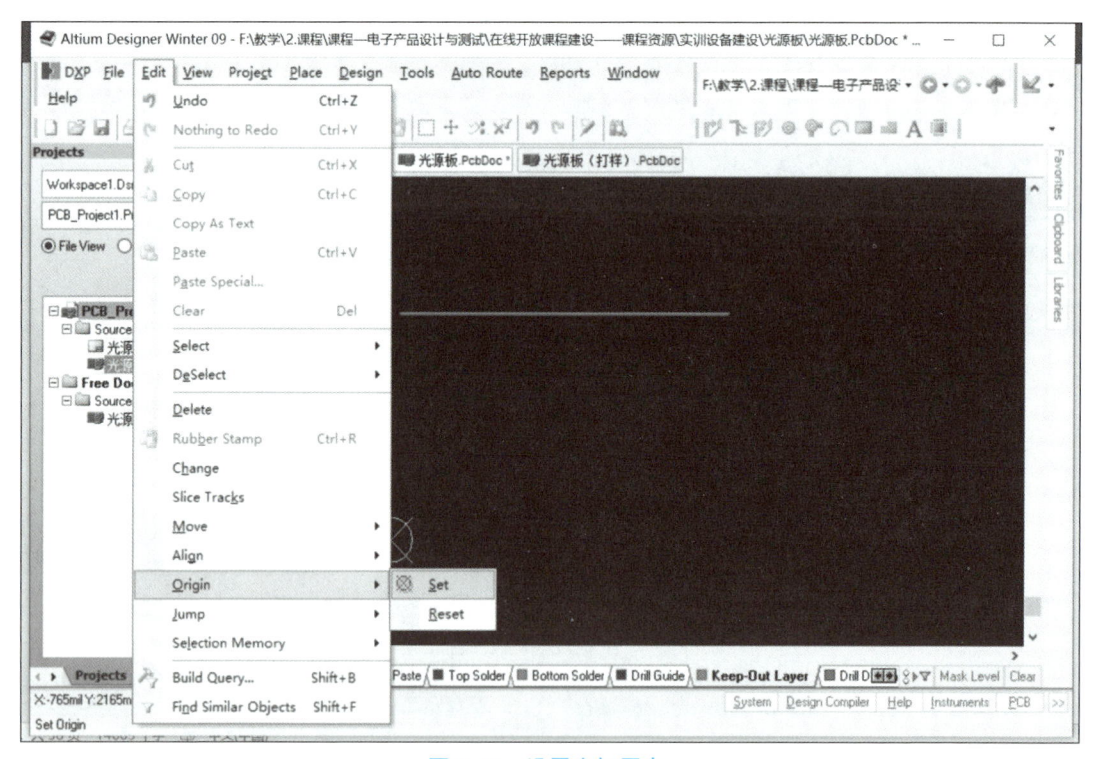

图 2.42 设置坐标原点

在 Keep Out 层画线，操作过程：单击"Place"→"Line"，如图 2.43 所示。

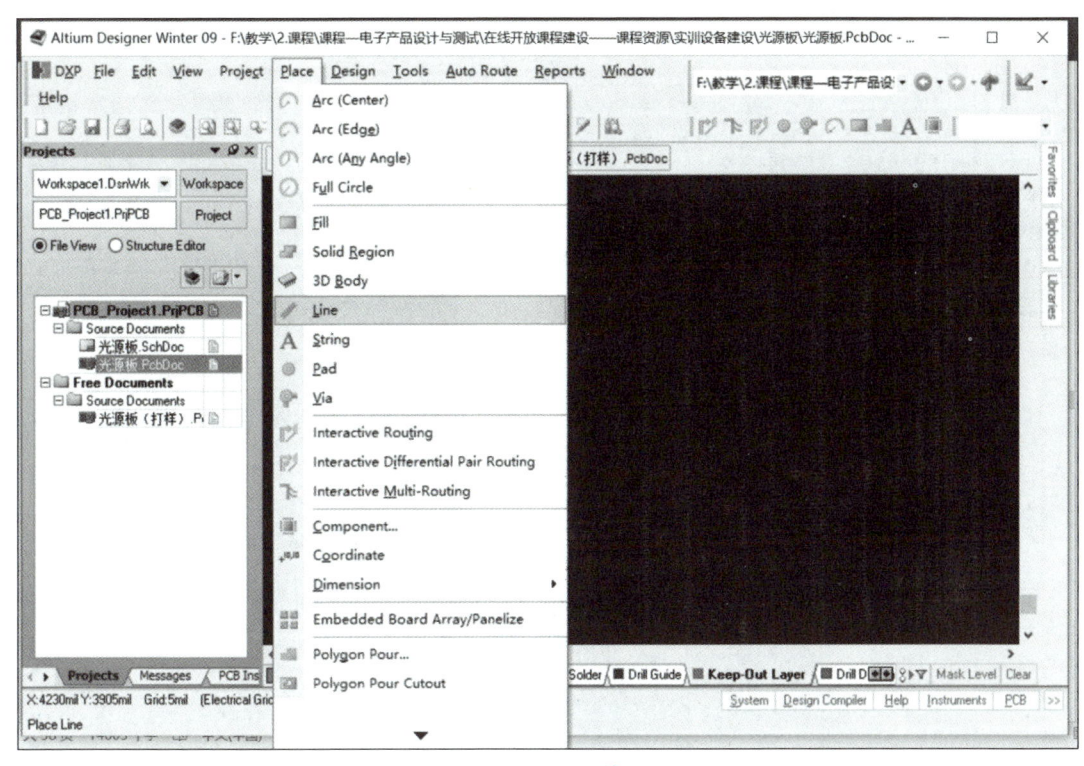

图 2.43　画线

为了精确绘制出 PCB 板尺寸，线段的尺寸通过设置坐标的方式进行定义，操作如图 2.44 所示。

第 4 步：定义线路板外形。使用快捷键 Ctrl + A 选中所有元器件，并按照图 2.45 进行操作。

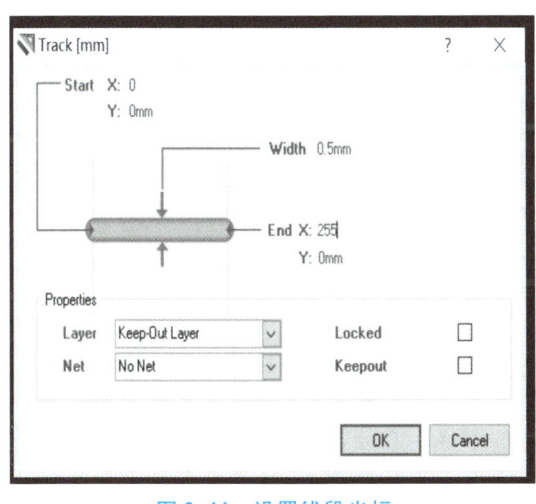

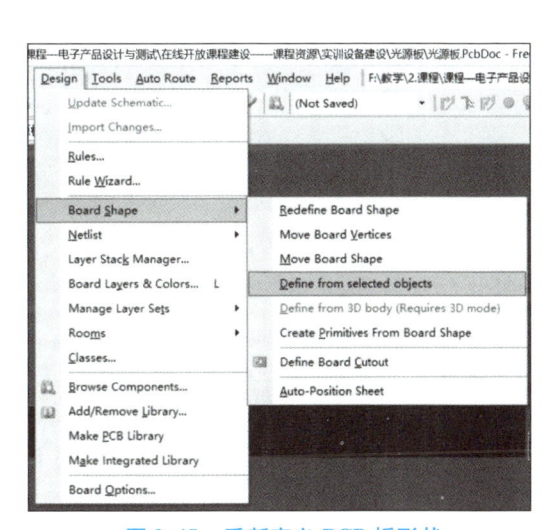

图 2.44　设置线段坐标　　　　图 2.45　重新定义 PCB 板形状

第 5 步：导入元器件和网络，具体操作如图 2.46 和图 2.47 所示。

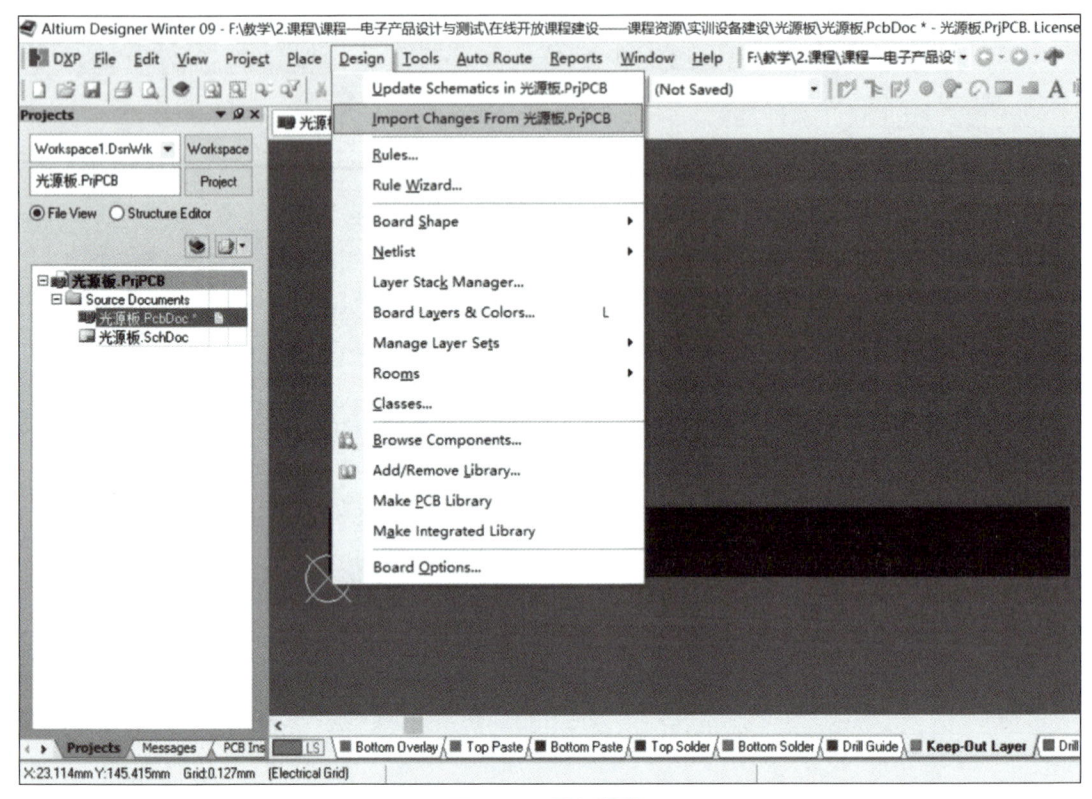

图 2.46 导入操作

图 2.47 导入元器件的结果

第 6 步：排列 LED 灯珠。

先把 LED 灯珠顺时针旋转 90°，选中任意一个 LED，单击鼠标右键，选择"Find Similar Objects…"，弹出如图 2.48 所示对话框，修改 Footprint 为 Same。

在"PCB Inspector"对话框中，修改 Rotation 为 -90°。具体操作如图 2.49 所示。将 LED 按图 2.50 方式排列。

设置 D1 坐标 $X=20$ mm，D21 坐标 $X=230$ mm。然后选中 D1~D8、D15~D21，操作如图 2.51 所示。

鼠标右键单击任意选中的 LED，将 LED 水平均匀排列，操作如图 2.52 和图 2.53 所示。

将 LED 垂直对齐，选中 D1~D7、D15~D21，然后以底端对齐，操作如图 2.54 所示。

项目 2　设计 LED 光源

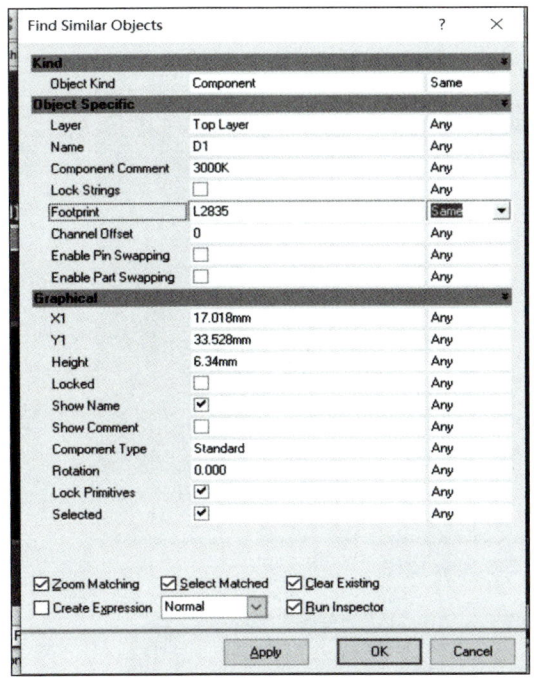

图 2.48　修改选中 LED 属性

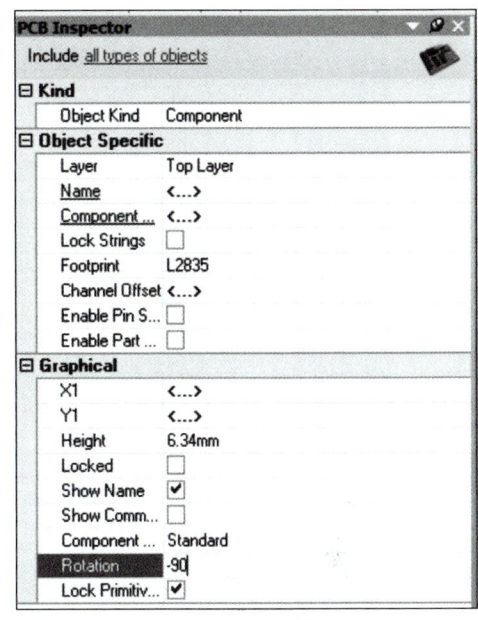

图 2.49　设置旋转 −90°

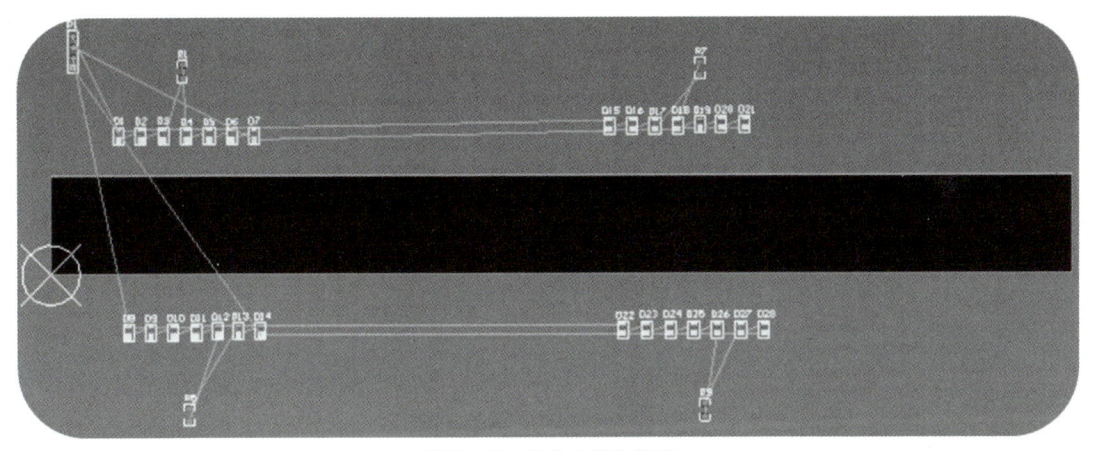

图 2.50　排布 LED 灯珠

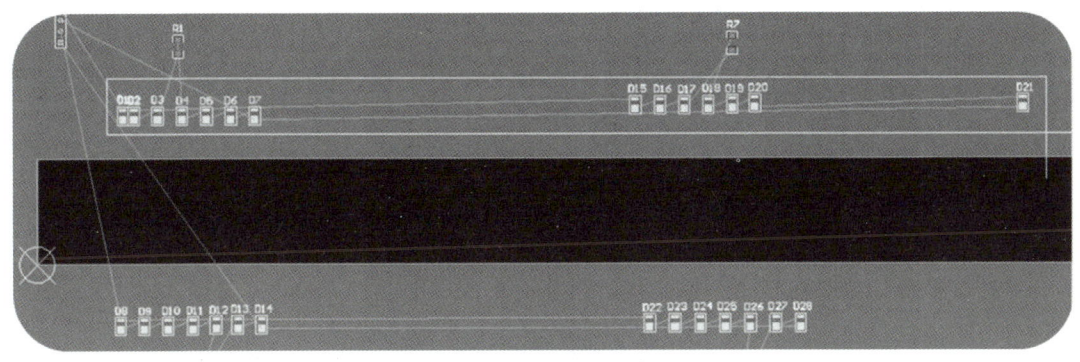

图 2.51　选中需要排列的 LED

85

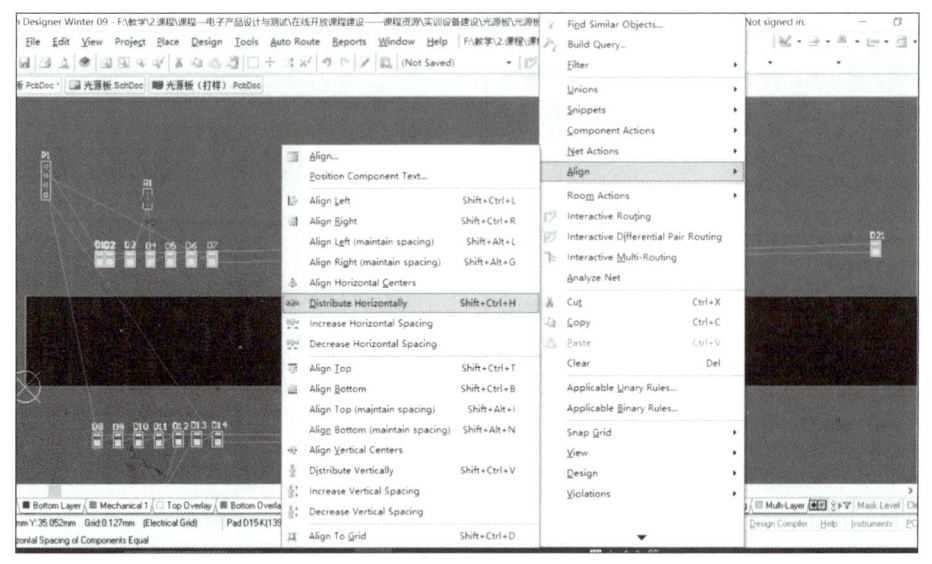

图 2.52　LED 水平均匀分布操作

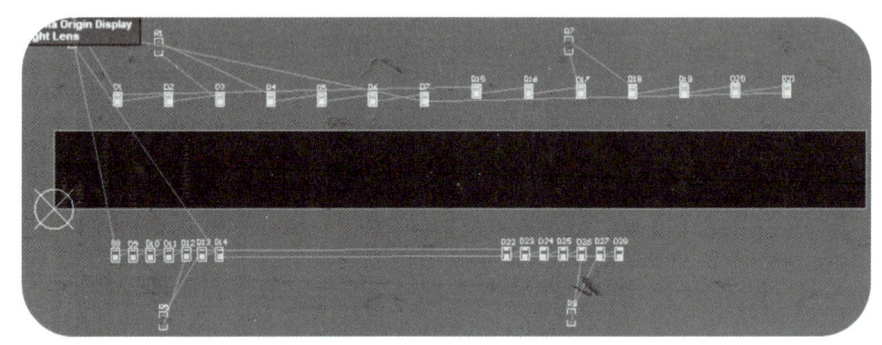

图 2.53　LED 水平均匀分布

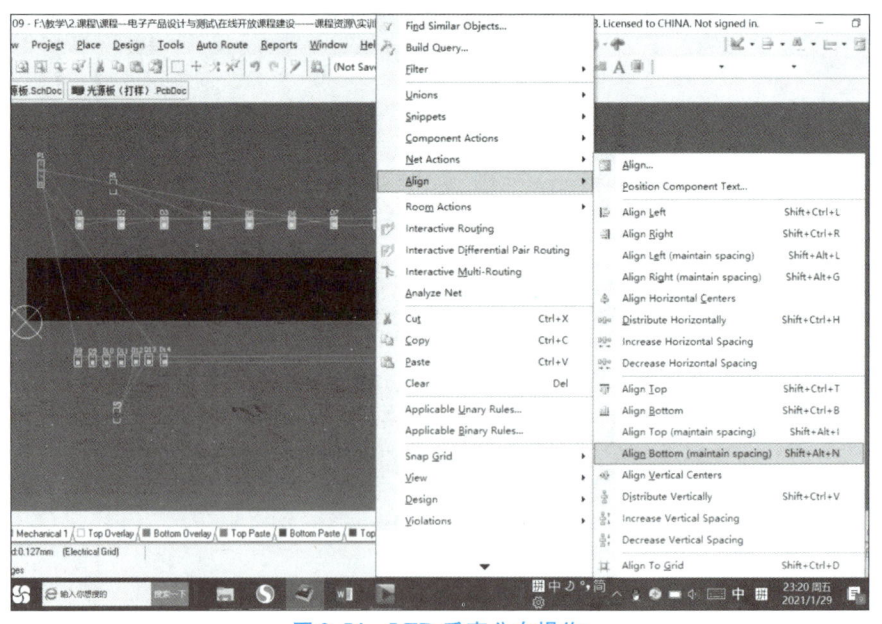

图 2.54　LED 垂直分布操作

同理，设置 D8 坐标 X = 25 mm，D28 坐标 X = 235 mm，并进行 D8 ~ D14、D22 ~ D28 水平均匀排列。排列结果如图 2.55 所示。

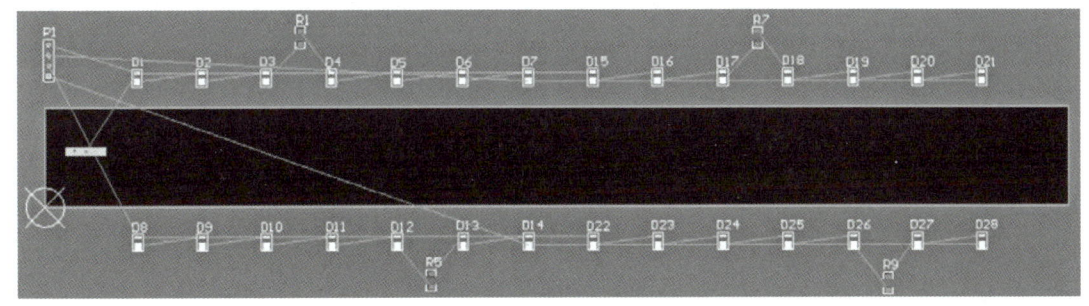

图 2.55　LED 分布排列

选中所有 LED，将坐标 Y 设置为 12 mm，操作如图 2.56 所示。

图 2.56　设置垂直坐标

通过以上步骤操作，最终 LED 阵列排布如图 2.57 所示。

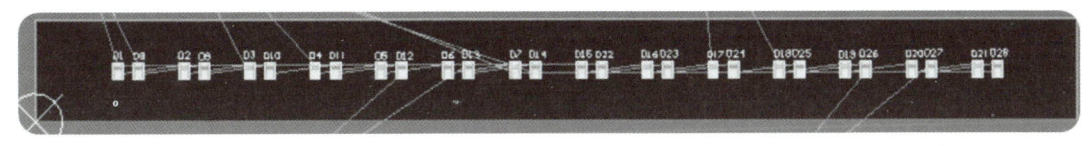

图 2.57　LED 排列图

第 7 步：LED 连线。在连线时，为了提高光源板散热效果，在每个 LED 负极敷铜块，连线宽度尽量宽。光源板最终连线结果如图 2.58 所示。

图 2.58　最终 PCB 图

任务评价

任务评价表

序号	评价类型	赋分	评价指标	分值	得分 自评	得分 互评	得分 教师评
1	职业能力	60	元器件布局合理	20			
			PCB 板尺寸设置正确	10			
			元器件连线正确	15			
			接线焊盘设置正确	10			
			线路板上标号正确、清晰	5			
2	职业素养	20	敬业精神，遵守纪律	5			
			沟通协作，问题解决	5			
			操作规范性，安全意识	5			
			创新思维，方案优化	5			
3	劳动素养	10	任务按时完成，填写认真	3			
			工位整洁，工具归位	5			
			任务参与度，工作态度	2			
4	思政素养	10	思政素材学习情况	5			
			对"工匠精神：精益求精"认识程度	5			
			总分				

课后拓展

思考与讨论

光源板采取 DC 12 V 供电，其他要求不变，绘制 PCB。

小结

本项目主要介绍了 LED 光源设计技术，其是目前照明的主要形式，主要内容如下。
1. 混光技术，包括光色基础、光色混合、冷暖白光混合等。
2. LED 阵列，介绍各种 LED 阵列的形式、特点和应用。
3. 光源板设计，介绍原理图设计、PCB 板设计和光源板制作。
4. LED 光源光、色、电关键参数测试。

习题

1. 填空题

（1）一般人的眼睛所能接受光的波长在____ ~ ____ nm 之间。
（2）正常视力的人眼对____光最为敏感。
（3）光源主要包括____光源和____光源。
（4）太阳光中的可见光由____、____、____、____、____、____、____等七色光组成。
（5）人造光源主要是电光源，主要有____灯、高压钠灯、____灯、气体放电灯、金卤灯、____灯等。
（6）光的物理性质由其____和____决定。
（7）光是以____传播的。
（8）光具有____射和____射特性。
（9）LED 透镜是根据光的____原理设计的。
（10）LED 反光镜是根据光的____原理设计的。
（11）三基色是指____、____和____。
（12）色温 3 000 K 以下的白光给人以____感觉。
（13）色温 6 500 K 以上的白光给人以____感觉。
（14）LED 阵列连接有____联、____联、____联等形式。
（15）光源电参数主要有____、____、____和____等。
（16）光源色参数主要包括____、____、____和____等。

2. 选择题

（1）光的颜色由（　　）决定。
A. 能量　　　　　B. 波长　　　　　C. 亮度　　　　　D. 成分
（2）光的强度由（　　）决定。
A. 能量　　　　　B. 波长　　　　　C. 亮度　　　　　D. 成分
（3）波长是 580 nm 光的颜色是（　　）。
A. 蓝色　　　　　B. 红色　　　　　C. 黄色　　　　　D. 绿色
（4）波长是 780 nm 光的颜色是（　　）。
A. 蓝色　　　　　B. 红色　　　　　C. 黄色　　　　　D. 绿色
（5）波长是 380 nm 光的颜色是（　　）。

A. 蓝色 　　　　　　B. 红色 　　　　　　C. 黄色 　　　　　　D. 紫色

（6）太阳光是（　　）。

A. 单色光 　　　　　B. 复色光 　　　　　C. 人造光 　　　　　D. 不可见光

（7）LED 导光板主要是利用光的（　　）原理设计的。

A. 反射 　　　　　　B. 折射 　　　　　　C. 漫反射 　　　　　D. 散射

（8）LED 扩散板主要是利用光的（　　）原理设计的。

A. 反射 　　　　　　B. 漫反射 　　　　　C. 折射 　　　　　　D. 散射

（9）LED 反光杯主要是利用光的（　　）原理设计的。

A. 反射 　　　　　　B. 漫反射 　　　　　C. 折射 　　　　　　D. 散射

（10）LED 反光纸主要是利用光的（　　）原理设计的。

A. 反射 　　　　　　B. 漫反射 　　　　　C. 折射 　　　　　　D. 散射

（11）红光和绿光混合可得到（　　）。

A. 白光 　　　　　　B. 青光 　　　　　　C. 黄光 　　　　　　D. 品红

（12）3 300 K 以下白光是（　　）。

A. 高色温 　　　　　B. 中色温 　　　　　C. 低色温 　　　　　D. 冷色温

（13）4 500 K 的白光是（　　）。

A. 高色温 　　　　　B. 中色温 　　　　　C. 低色温 　　　　　D. 冷色温

（14）6 500 K 以上白光是（　　）。

A. 高色温 　　　　　B. 中色温 　　　　　C. 低色温 　　　　　D. 暖色温

3. 简答题

（1）简述混光的含义。

（2）简述单色光的含义。

（3）简述复色光的含义。

（4）简述串联 LED 阵列的优点。

（5）简述串联 LED 阵列的缺点。

（6）简述并联 LED 阵列的优点。

（7）简述并联 LED 阵列的缺点。

（8）简述混合联 LED 阵列的优点。

（9）简述下图所示积分球的工作原理。

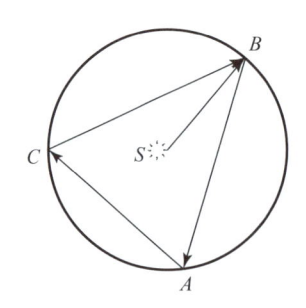

项目 3

设计驱动电源

项目简介

驱动电源是一种电源转换器，按驱动方式，可以分为恒流式、稳压式、脉冲驱动、交流驱动。LED 驱动电源具有很高的可靠性，具有过流保护、开路保护等功能。本项目主要研究 LED 驱动电源，从驱动电源的设计和测试入手，分别进行恒压电源和恒流电源的设计与测试。项目通过恒压电源设计、恒压电源测试、恒流电源设计和恒流电源测试等任务的训练，让读者初步掌握 LED 驱动电源的特点和应用，初步掌握驱动电源设计和测试的方法与技能。

知识网络

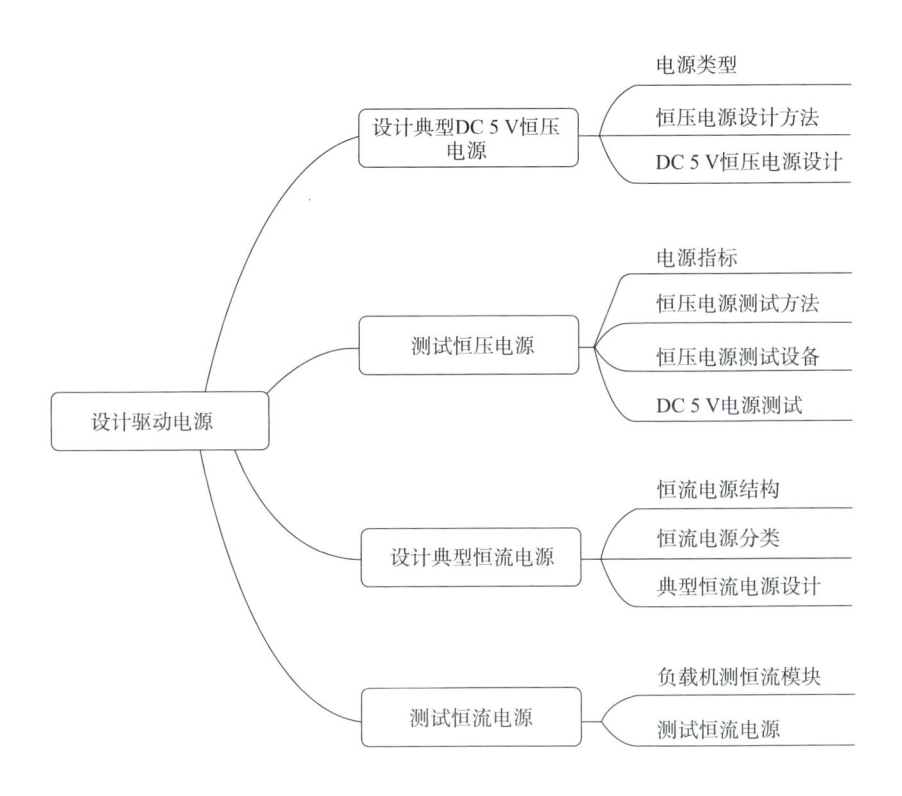

设计驱动电源
- 设计典型DC 5 V恒压电源
  - 电源类型
  - 恒压电源设计方法
  - DC 5 V恒压电源设计
- 测试恒压电源
  - 电源指标
  - 恒压电源测试方法
  - 恒压电源测试设备
  - DC 5 V电源测试
- 设计典型恒流电源
  - 恒流电源结构
  - 恒流电源分类
  - 典型恒流电源设计
- 测试恒流电源
  - 负载机测恒流模块
  - 测试恒流电源

学习要求

1. 根据课程思政目标要求，实现光源的驱动电源设计，从而养成创新思维、追求卓越的工匠精神。

2. 在驱动电源设计过程中，需要按照设计要求、具体光源板性能参数进行硬件电路设计，养成规范严谨的职业素养。

3. 通过"设计典型 DV 5 V 稳压电源""测试恒压电源""设计典型恒流电源"和"测试恒流电源"等任务实施中查找信息、阅读技术资料，以及选取与整合资料，培养信息获取和评价的基本信息素养。

4. 使用实训设备时，需要安全、规范操作设备，布线需要整洁美观，工位保持整洁、工具归位，培养基本职业素质。

5. 在任务实施过程中，小组成员要相互配合，有问题及时沟通解决，培养良好的合作精神。

任务 3.1　设计典型 DC 5 V 恒压电源

学习目标

- ★ 了解直流稳压电源特点
- ★ 掌握直流稳压电源工作原理
- ★ 能根据直流稳压电源的开发方案，确定电路结构
- ★ 能设计 DC 5 V 稳压电源
- ★ 能使用 Altium Designer 软件进行电路原理图设计
- ★ 能设计 DC 5 V 稳压电源的 PCB 图

素质拓展

- ★ 目标导向

（1）用户是谁？
（2）用户要实现什么目标？
（3）如何让用户理解目标实现的方法和过程？
（4）用户认为哪种体验具有吸引力？
（5）产品应当如何工作？
（6）产品应该采取哪种形式？
（7）用户如何与产品实现交互？
（8）产品功能如何能最有效地组合在一起？
（9）产品以何种方式面向首次使用的用户？
（10）产品如何在技术上实现易于理解、让人喜欢且易于操作？
（11）产品如何处理用户遇到的问题？

实训设备

（1）计算机　　　　　　　　　1 台
（2）Altium Designer 软件　　　1 个

3.1.1　任务分析

任何电子产品都必须有电源电路，大到超级计算机，小到袖珍计算器，所有的电子设备

都必须在电源电路的支持下才能正常工作。由于电子技术的特性,电子产品对电源电路的要求是能够提供持续稳定、满足负载要求的电能,通常是直流电能。提供这种稳定的直流电能电源就是直流稳压电源。直流稳压电源在电源技术中占有十分重要的地位。

稳压电源的特点是输出电压恒定,在功率允许的条件下,输出电流可变。本学习任务是使用集成稳压器 LM2576,设计输出 DC 5 V 的恒压电源。

3.1.2 相关知识

1. 电源类型

恒压电源通常由输入端、输出端、恒压单元和用于消除纹波的滤波电路构成。理想的恒压电源内阻为 0,实际上内阻不可能为 0。并且有电流限制范围,而且电压也有波动误差范围。稳压电源的稳压方式主要有串联稳压、并联稳压、三端稳压和开关稳压,其中最简单的是串联稳压。

(1) 开关电源

开关电源属于高频,是最主流的电源,功率从几瓦到几千瓦。利用脉冲去控制开关管的通断,有规律地反复开关,所以叫开关电源。不管是反激、正激还是半桥、全桥等,都是这个原理。

(2) 线性电源

线性电源属于低频,利用变压器匝数比的改变输出电压大小,然后通过整流得出所需要的电压。这种电源的缺点是输出功率小、体积大,但是纹波小、干扰小。

2. 恒压电源结构

线性电源和开关电源的工作原理不同,下面分别介绍。

(1) 线性电源

工作原理:AC 220 V 市电通过变压器转为低压电,如 24 V、12 V 等,输出的低压依然是交流电;再通过整流桥或二极管进行整流,通过电解电容进行滤波,得到低压直流电,依然不够纯净,会有一定的波动,这种电压波动就是纹波,还需要使用稳压二极管或者集成稳压芯片进一步处理。

直流稳压电源主要由四部分组成:电源变压器、整流电路、滤波电路和稳压电路,原理如图 3.1 所示。

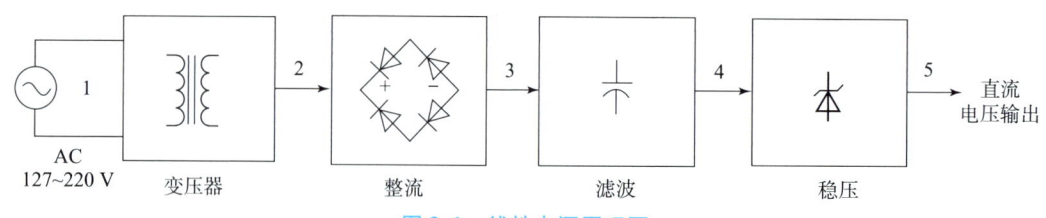

图 3.1 线性电源原理图

①电源变压器。电源变压器是一种软磁电磁元件,功能是功率传送、电压变换和绝缘隔离,在电源技术中和电力电子技术中得到广泛的应用。

②整流电路。整流电路是将交流电能转换为直流电能的电路。多数整流电路由变压器、

整流主电路和滤波器等组成。在直流电动机的调速、发电机的励磁调节、电解、电镀等领域得到广泛应用。

③滤波电路。滤波电路常用于滤去整流输出电压中的纹波，一般由电抗元件组成，如在负载电阻两端并联电容器 C，或与负载串联电感器 L，以及由电容、电感组成的各种复式滤波电路。

④稳压电路。稳压电路是指在输入电压、负载、环境温度、电路参数等发生变化时，保持输出电压恒定的电路。这种电路能提供稳定的直流电源。

线性电源的各输出点电压波形如图 3.2 所示。

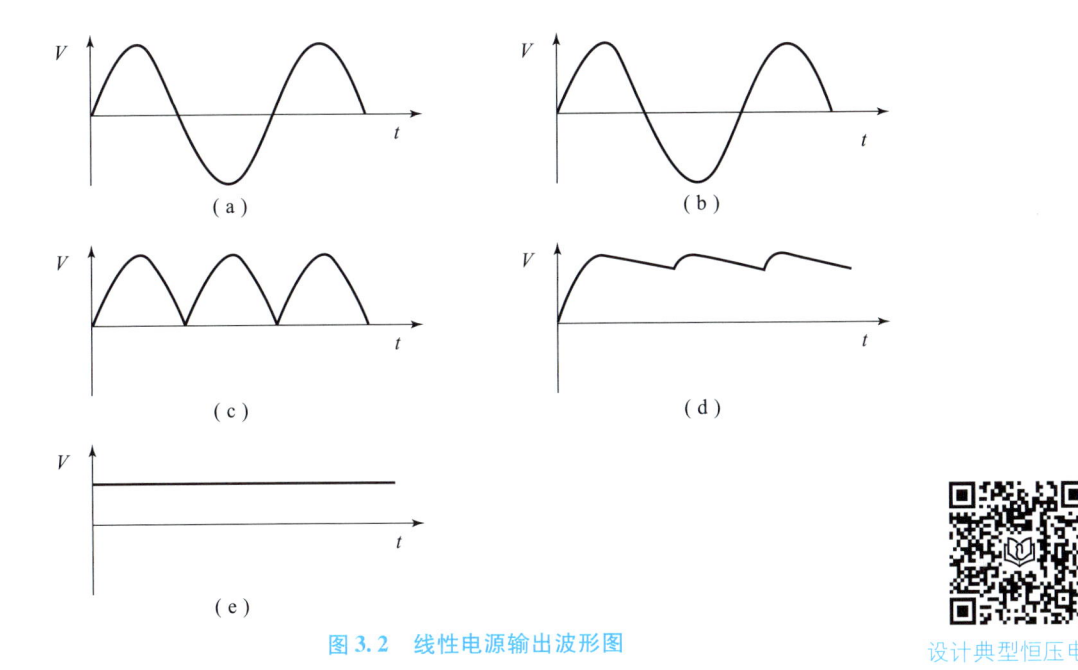

图 3.2 线性电源输出波形图

设计典型恒压电源

由于线性稳压电源使用相对较大的电阻，发热量相对较大，因此工作效率相对较低。工作效率随输出电压的降低而降低。线性电源非常适合低功耗设备，对于高功耗设备而言，线性电源将会力不从心。线性电源典型应用：航空航天、测控测量、雷达信号、各种模拟电路、科研实验、高精度仪器、军用武器等。

对于线性电源而言，其内部电容以及变压器的大小和 AC 市电的频率成反比，也就是说，输入市电的频率越低，线性电源就需要越大的电容和变压器，反之亦然。由于当前采用的是 50 Hz（有些国家是 60 Hz）频率的 AC 市电，这是一个相对较低的频率，所以其变压器以及电容的体积往往都相对比较大。此外，AC 市电的浪涌越大，线性电源的变压器的体型就越大。

优点：线性电源技术很成熟，制作成本较低，可以达到很高的稳定度，波纹较小，自身的干扰和噪声都比较小。

缺点：因为工作在工频（50 Hz），变压器的体积比较大，效率偏低（一般满载工作的效率只有 80% 左右），整体体积较大，显得较笨重且输入电压范围要求高。

（2）开关电源

开关模式电源（Switch Mode Power Supply，SMPS），又称交换式电源、开关变换器，是一种高频化电能转换装置，是电源供应器的一种。其功能是将一个基准的电压，通过不同形式的架构转换为用户端所需要的电压或电流。开关电源的输入可以是交流电源（例如市电）或者直流电源，而输出多半是直流电源，例如个人电脑，而开关电源就进行两者之间电压及电流的转换。电压稳定是通过调整晶体管导通及断路的时间来达到的。

优点：比较节省能源，产生废热较少。开关电源通过切换晶体管工作在全开模式（饱和区）或者全闭模式（截止区）。这两个模式都有低耗的特点，模式切换过程中会有较高的耗散，但时间很短，因此，从理论上讲，开关电源本身是不会消耗电能的。

开关电源的高转换效率是其一大优点，而且因为开关电源工作频率高，可以使用小尺寸、小质量的变压器，因此开关电源也会比线性电源的尺寸小，质量也会比较小。

缺点：开关电源比较复杂，内部晶体管会频繁切换，若切换电流尚未加以处理，可能会产生噪声及电磁干扰，影响其他设备，而且若开关电源没有特别设计，其电源功率因数可能不高。

①开关稳压电源的基本工作原理。

开关稳压电源按控制方式，分为调宽式和调频式两种，在实际的应用中，调宽式使用得较多，在目前开发和使用的开关电源集成电路中，绝大多数也为脉宽调制型。因此，下面主要介绍调宽式开关稳压电源。开关电源工作原理及电路图如图3.3所示。

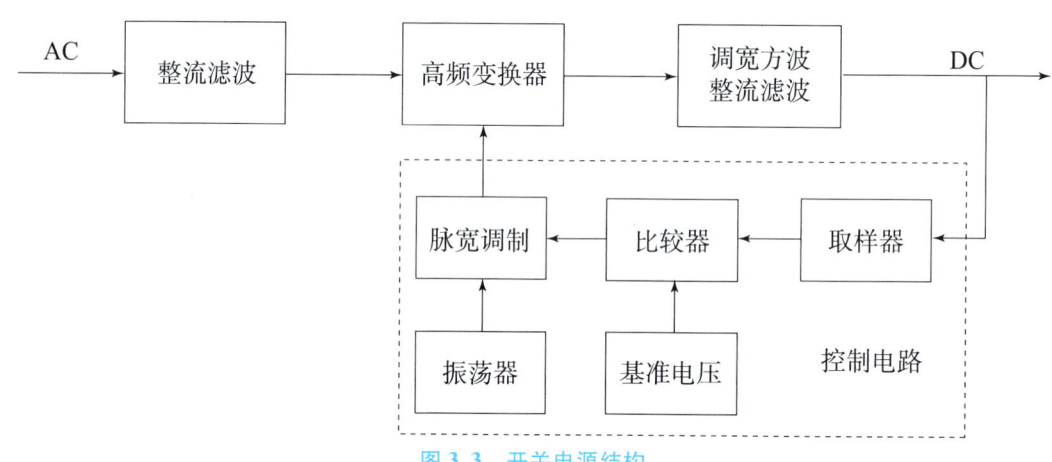

图3.3 开关电源结构

②开关式稳压电源的电路。

开关电源可分为隔离式和非隔离式两种，下面分别介绍这两种电源。

◆ 非隔离式：非隔离式主要分为降压式、升压式和反转式三种类型。

▶ 降压式

降压式开关电源的典型电路如图3.4所示。当开关管 VT_1 导通时，二极管 VD_1 截止，输入的整流电压经 VT_1 和 L_1 向 C 充电，这一电流使电感 L_1 中的储能增加。当开关管 VT_1 断开时，电感 L_1 感应出左负右正的电压，经

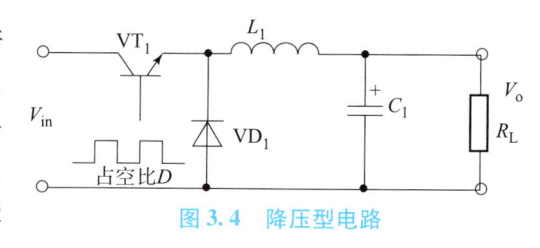

图3.4 降压型电路

负载 R_L 和续流二极管 VD_1 释放电感 L 中存储的能量,维持输出直流电压不变。电路输出直流电压的高低由加在 VT_1 基极上的脉冲宽度确定。

$$V_o = V_{in}D, \quad V_o < V_{in} \quad V_o = V_{in}/(1-D), \quad V_o > V_{in}$$

▶ 升压式

升压式开关电源的稳压电路如图 3.5 所示。当开关管 VT_1 导通时,电感 L_1 储存能量。当开关管 VT_1 截止时,电感 L_1 感应出左负右正的电压,该电压叠加在输入电压上,经二极管 VD_1 向负载供电,使输出电压大于输入电压,形成升压式开关电源。

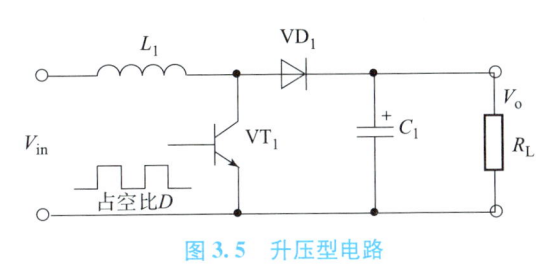

图 3.5 升压型电路

▶ 升降压式

反转式开关电源的典型电路如图 3.6 所示。这种电路又称为升降压式开关电源。无论开关管 VT_1 之前的脉动直流电压是高于还是低于输出端的稳定电压,电路均能正常工作。

◆ 隔离式:隔离式电源分为单端反激式和单端正激式两种,下面分别对这两种电源进行介绍。

▶ 单端反激式

单端反激式开关电源的典型电路如图 3.7 所示。电路中所谓的单端,是指高频变换器的磁芯仅工作在磁滞回线的一侧。所谓的反激,是指当开关管 S 导通时,高频变压器 T 初级绕组的感应电压为上正下负,整流二极管 VD 处于截止状态,在初级绕组中储存能量。当开关管 VD 截止时,变压器 T 初级绕组中存储的能量,通过次级绕组及整流二极管 VD 和电容 C 滤波后向负载输出。

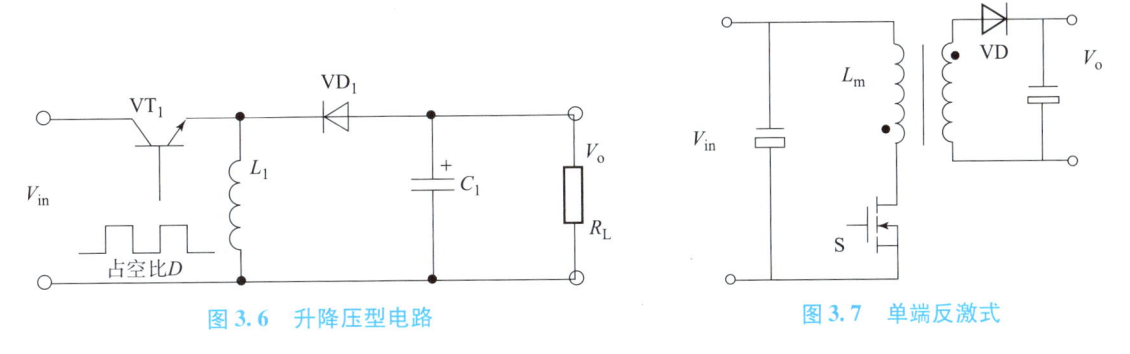

图 3.6 升降压型电路

图 3.7 单端反激式

单端反激式开关电源是一种成本最低的电源电路,输出功率为 20~100 W,可以同时输出不同的电压,并且有较好的电压调整率。唯一的缺点是输出的纹波电压较大,外特性差,适用于相对固定的负载。

单端反激式开关电源使用的开关管 VD 承受的最大反向电压是电路工作电压值的两倍,工作频率为 20~200 kHz。

▶ 单端正激式

单端正激式开关电源的典型电路如图 3.8 所示。这种电路在形式上与单端反激式电路相似,但工作情形不同。当开关管 VD_1 导通,VD_2 截止通时,V_{in} 向负载传送能量,滤波电感 L 充电、储存能量;当开关管 VD_1 截止时,电感 L 通过续流二极管 VD_2 继续向负载释放能量。

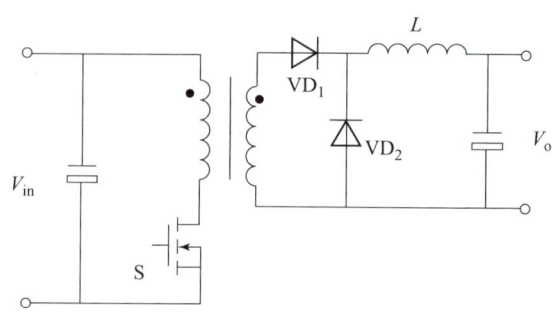

图 3.8　单端正激式

在电路中还设有钳位线圈与二极管 VD_2，可以将开关管 S 的最高电压限制在两倍电源电压之间。为满足磁芯复位条件，即磁通建立和复位时间应相等，电路中脉冲的占空比不能大于 50%。由于这种电路在开关管 VD_1 导通时，通过变压器向负载传送能量，所以输出功率范围大，可输出 50~200 W 的功率。电路使用的变压器结构复杂，体积也较大，正由于这个原因，这种电路的实际应用较少。

3. 恒压电源设计方法

在电子产品中经常使用输出电压固定的集成稳压器。单片集成稳压电源，具有体积小、可靠性高、使用灵活、价格低廉等优点。

集成稳压器按出线端子多少和使用情况大致可分为三端固定式、三端可调式、多端可调式及单片开关式等几种。

（1）三端固定式

集成稳压器是将取样电阻、补偿电容、保护电路、大功率调整管等都集成在同一芯片上，使整个集成电路块只有输入、输出和公共 3 个引出端，使用非常方便，因此获得广泛应用。缺点是输出电压固定，所以必须生产各种输出电压、电流规格的系列产品。常用稳压芯片有 78L05、AMS1117 等。

78L05 集成稳压器相关资料如图 3.9~图 3.11 所示。

图 3.9　78L05 实物图　　　　图 3.10　引脚图

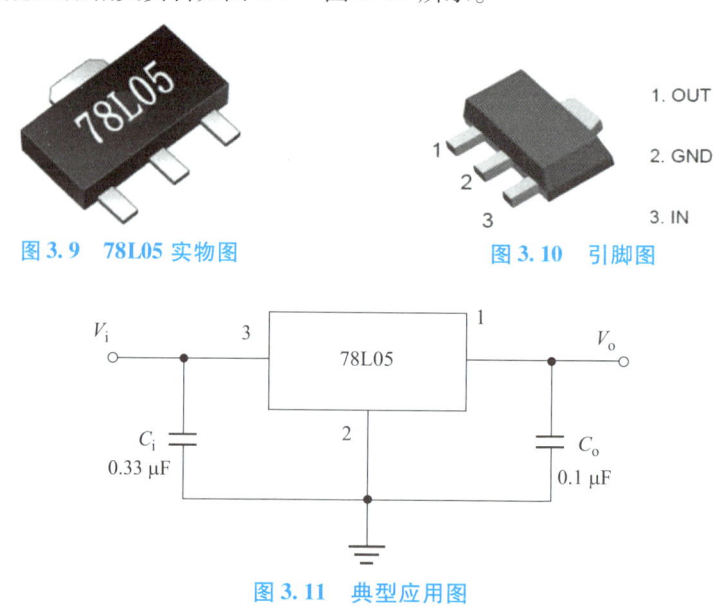

图 3.11　典型应用图

AMS1117 集成稳压器相关资料如图 3.12~图 3.14 所示。

图 3.12　AMS1117 引脚图

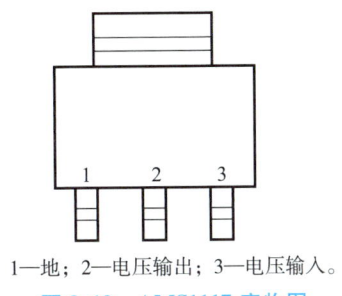

1—地；2—电压输出；3—电压输入。

图 3.13　AMS1117 实物图

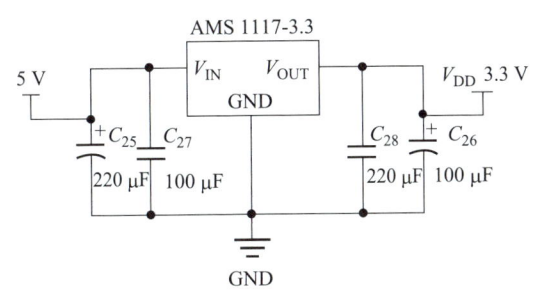

图 3.14　AMS1117 电路图

①AMS1117 稳压器特征。
- AMS1117 是一个正向低压降稳压器，在 1 A 电流下压降为 1.2 V。
- AMS1117 有两个版本：固定输出版本和可调版本，固定输出电压为 1.5 V、1.8 V、2.5 V、2.85 V、3.0 V、3.3 V、5.0 V，见表 3.1，具有 1% 的精度；固定输出电压为 1.2 V，精度为 2%。

表 3.1　AMS1117 参数表

型号	工作条件	输出值 最小值	输出值 典型值	输出值 最大值	单位
ASM1117 - 1.5	$0 \leq I_{OUT} \leq 1$ A，3.0 V $\leq V_{IN} \leq 12$ V	1.485	1.500	1.524	V
ASM1117 - 1.8	$0 \leq I_{OUT} \leq 1$ A，3.3 V $\leq V_{IN} \leq 12$ V	1.782	1.800	1.827	V
ASM1117 - 2.5	$0 \leq I_{OUT} \leq 1$ A，4.0 V $\leq V_{IN} \leq 12$ V	2.475	2.500	2.560	V
ASM1117 - 2.85	$0 \leq I_{OUT} \leq 1$ A，4.35 V $\leq V_{IN} \leq 12$ V	2.82	2.850	2.88	V
ASM1117 - 3.3	$0 \leq I_{OUT} \leq 1$ A，4.75 V $\leq V_{IN} \leq 12$ V	3.267	3.300	3.333	V
ASM1117 - 5.0	$0 \leq I_{OUT} \leq 1$ A，6.5 V $\leq V_{IN} \leq 12$ V	4.950	5.000	5.050	V

- AMS1117 内部集成过热保护和限流电路，是电池供电和便携式计算机的最佳选择。
- AMS1117 系列稳压器有可调版与多种固定电压版，设计用于提供 1 A 输出电流且工

作压差可低至 1 V。在最大输出电流时，AMS1117 器件的最小压差保证不超过 1.3 V，并随负载电流的减小而逐渐降低。

②ASM1117 应用。

ASM1117 和 78 系列稳压器的主要差别是最小饱和压降（即失稳电压）较小，为 1.1（典型值）~1.3 V（最大值），而 78 系列稳压器的失稳电压是 2~3 V。当输出电压相同时，AMS1117 可以工作在较低的输入工作电压下。AMS1117-3.3 典型应用如图 3.15 所示，其最低工作电压是 4.4（典型值）~4.8 V（最大值），另外，AMS1117 系列稳压器的最高输入电压也低于 78 系列稳压器。

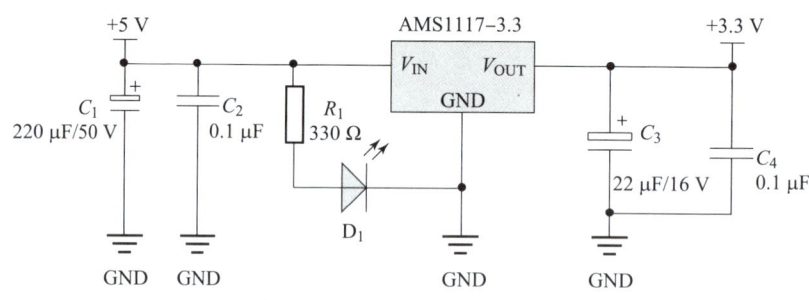

图 3.15　AMS1117 典型电路

电路中各元器件作用：

- R_1 是限流电阻，作用是保护指示灯 D_1，使 D_1 能正常工作。
- C_3 和 C_4 是输出滤波电容，作用是减小输出电压纹波，并抑制 ASM1117 自激振荡。
- $C_2 = 0.1\ \mu F$ 是高频滤波电容，无极性电容，容量比较小。常见的是贴片电容，用来滤除高频纹波。
- $C_1 = 220\ \mu F$ 是电解电容，低频滤波电容，主要滤除低频纹波，一般为 10~200 Hz。

（2）三端可调式

三端可调式集成稳压器输出电压可调，稳压精度高，输出纹波小，只需外接两只不同的电阻，即可获得各种输出电压，如 LM317。

LM317 集成稳压器相关资料如图 3.16~图 3.18 所示。

图 3.16　LM317 实物图

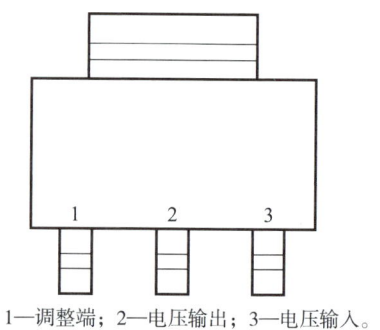

1—调整端；2—电压输出；3—电压输入。

图 3.17　LM317 封装图

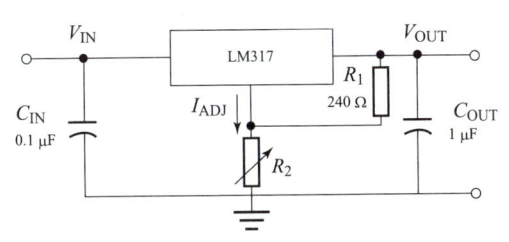

$$V_{OUT}=1.25(1+R_2/R_1)+I_{ADJ}R_2$$

图 3.18　LM317 典型电路图

4. 设计线路及原理

输入电压 DC 24 V，输出电压 5 V。利用 LM2576 集成稳压器设计稳压电源，LM2576 系列是美国国家半导体公司生产的 3 A 电流输出降压开关型集成稳压电路，内含固定频率振荡器（52 kHz）和基准稳压器（1.23 V），并具有完善的保护电路，包括电流限制及热关断电路等，利用该器件，只需极少的外围器件便可构成高效稳压电路。LM2576 集成稳压器相关资料如图 3.19～图 3.21 所示，引脚功能见表 3.2。

图 3.19　LM2576 实物图

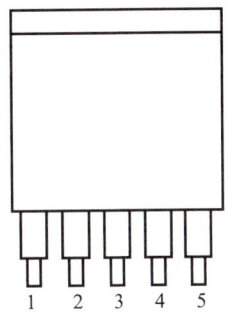

1—输入；2—输出；3—地；4—反馈；5—开/关。

图 3.20　LM2576 封装图

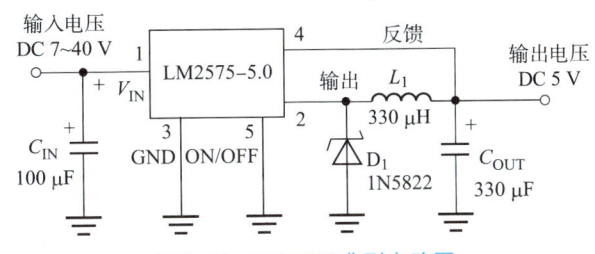

图 3.21　LM2576 典型电路图

表 3.2　LM2576 引脚功能表

引脚	功能
V_{IN}	输入引脚
V_{OUT}	输出引脚
GND	地
FEEDBACK	输出电压反馈引脚
ON/OFF	开/关控制引脚，激活是"低"或浮空

（1）LM2576 系列开关稳压集成电路的主要特性

- 最大输出电流：3 A。
- 最高输入电压：LM2576 为 45 V，LM2576HV 为 60 V。
- 输出电压：3.3 V、5 V、12 V、15 V 和 ADJ（可调）等可选；
- 振动频率：52 kHz；
- 转换效率：75%~88%（不同电压输出时的效率不同）；
- 控制方式：PWM；
- 工作温度范围：-40 ~ +125 ℃；
- 工作模式：低功耗/正常两种模式，可外部控制；
- 工作模式控制：TTL 电平兼容；
- 所需外部元件：仅 4 个（不可调）或 6 个（可调）；
- 器件保护：热关断及电流限制；
- 封装形式：TO220 或 TO263。

（2）典型应用

集成稳压器 LM2576 的典型应用电路如图 3.21 所示。该电路输出固定 DC 5 V 电压，输出电流最大可达到 1 A。下面对电路中外接元器件进行说明。

①输入电容 C_{IN}。

要选择低 ESR（等效串联电阻）的铝或钽电容作为旁路电容，防止在输入端出现大的瞬间电压。如果输入电压波动较大，输出电流又较高，电容容量选择要留有裕量，可选择 470~1 000 MF，电容的电流均方根值至少要为直流负载电流的 1/2；出于安全考虑，电容的额定耐压值要为最大输入电压的 1.5 倍。尽量不要选用陶瓷电容，会造成严重的噪声干扰，铝电解电容也可以。

②肖特基二极管。

首选肖特基二极管，因为此类二极管开关速度快、正向压降低、反向恢复时间短，不要选用 1N4000/1N5400 之类的普通整流二极管。

③储能电感。

电路对通流量要求高，与流量及电感值有关，电感的直流通流量直接影响输出电流。LM2576 既可工作于连续型，也可工作于非连续型。连续型是流过电感的电流是连续的；非连续型是电感电流在一个开关周期内降到零。

④输出端电容 C_{OUT}。

推荐使用 1~470 μF 之间的低 ESR 的钽电容。若电容值太大，反而会在某些情况（负载开路、输入端断开）下对器件造成损害。C_{OUT} 用来输出滤波，以及提高环路的稳定性。如果电容的 ESR 太小，就有可能使反馈环路不稳定，导致输出端振荡。

3.1.3 任务实施

1. 注意事项

①设计稳压电源需要考虑输入电压和输出电压。

②认真查阅集成稳压器数据手册，选择合适的集成稳压器芯片。

③参考集成稳压器典型应用电路，进行电源电路设计。

2. 操作步骤

①打开 Altium Designer 软件，新建器件原理图库，如图 3.22 所示。绘制 LM2576 芯片元器件原理图库，如图 3.23 所示。

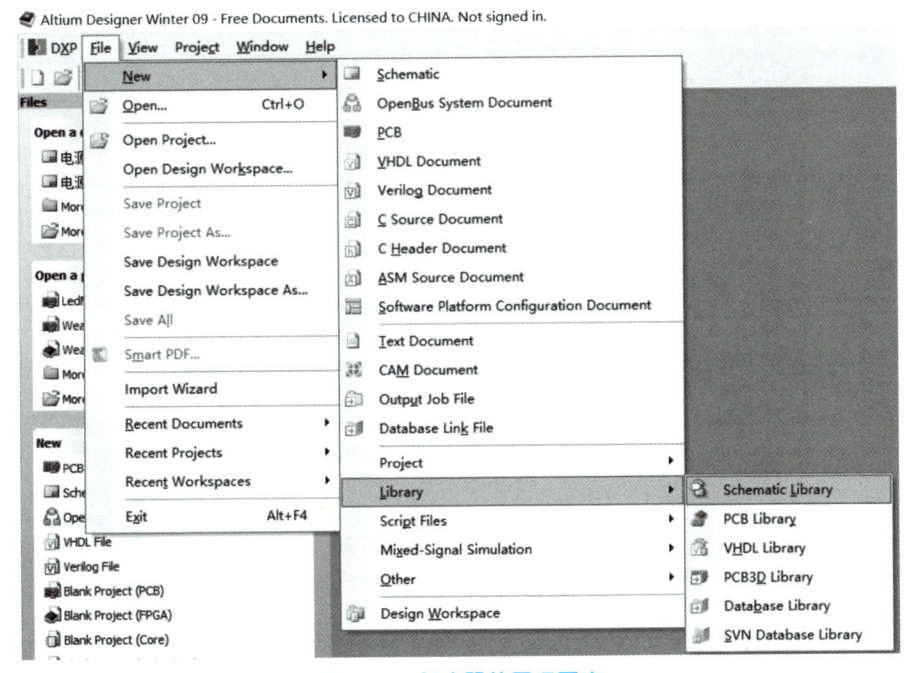

图 3.22　新建器件原理图库

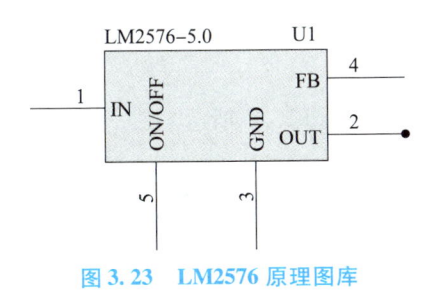

图 3.23　LM2576 原理图库

②参考 LM2576 典型应用原理图（图 3.21），绘制 DC 5 V 电源原理图，如图 3.24 所示。并标注元器件型号和参数，电路中 D_1 是防止输入电源极性接反，起到保护的作用。

③根据封装 TO263 - 5L 尺寸（图 3.25），绘制 TO263 - 5L 元器件封装库，如图 3.26 所示。

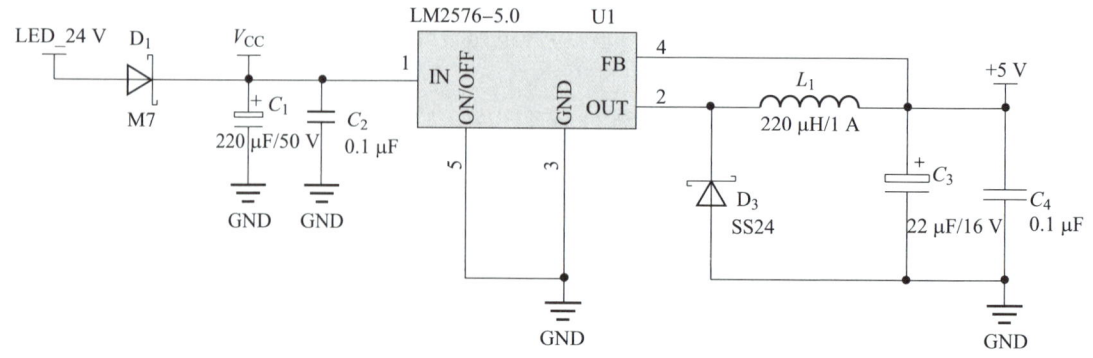

图 3.24　DC 5 V 稳压电源原理图

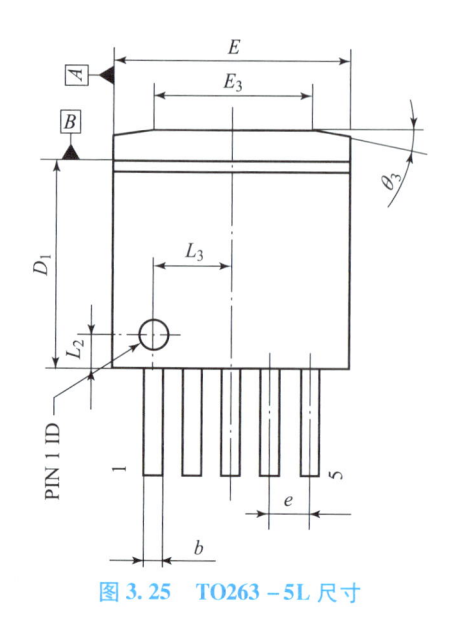

图 3.25　TO263-5L 尺寸

标识	尺寸/mm
E	9
D_1	8.5
b	1
e	2.54

图 3.26　TO263-5L 封装库

④绘制 DC 5 V 电源 PCB 图，如图 3.27 所示。

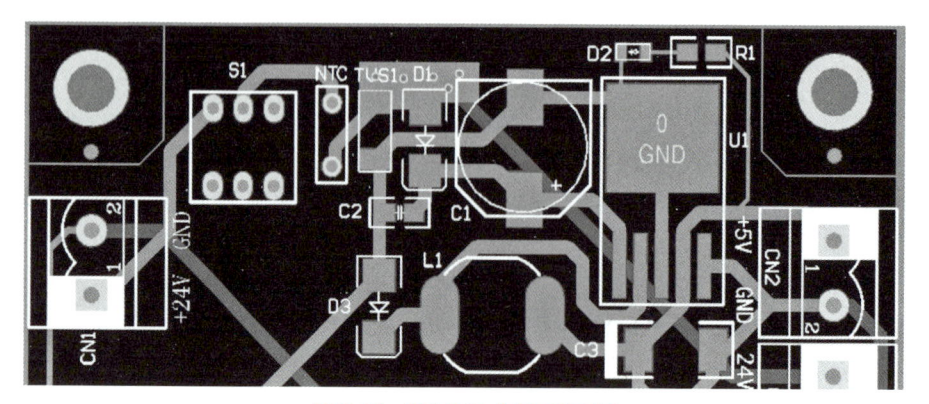

图 3.27　DC 5 V 电源 PCB 图

制作恒压电源

任务评价

任务评价表

序号	评价类型	赋分	评价指标	分值	得分 自评	得分 互评	得分 教师评
1	职业能力	60	线路连接正确	20			
			输入电源调节正确	10			
			测试参数完整	10			
			测试参数正确	20			
2	职业素养	20	敬业精神，遵守纪律	5			
			沟通协作，问题解决	5			
			操作规范性，安全意识	5			
			创新思维，方案优化	5			
3	劳动素养	10	任务按时完成，填写认真	3			
			工位整洁，工具归位	5			
			任务参与度，工作态度	2			
4	思政素养	10	思政素材学习情况	5			
			对"目标导向"认识程度	5			
			总分				

课后拓展

思考与讨论

如何运用 LDO 稳压器进行恒压电源设计？

任务 3.2　测试恒压电源

学习目标

★ 能识读直流稳压电源电路的原理图
★ 能识读直流稳压电源的装配图及接线图表
★ 能熟练掌握不同元器件的安装工艺，完成智能硬件的装配
★ 能熟练操作复杂电子仪器设备调试直流稳压电源电路
★ 能填写直流稳压电源调试报告
★ 能够根据直流稳压电源模块调试报告分析调试结果

素质拓展

★ 严谨的科学态度

　　钱学森在学术问题上向来对自己要求非常严格，不放过任何一个可能的瑕疵。他从不满足于一般性的理论推导，不管这种推导在逻辑上有多么严密，而是一定要通过数值计算和与实验结果的比对，使理论得到验证。一旦发现有误，他便进行修正，甚至推倒重来，直到最后得到满意的结果为止。
　　1940 年冬，钱学森在老师冯·卡门的指导下，开始研究圆柱壳的稳定性，目的是解决超声速金属喷气式飞机的安全问题。在确定研究课题后，钱学森制订了严格紧张的工作计划，从查阅资料入手，一头扎进文献中。那时，钱学森吃住都在办公室和实验室，每天都工作到很晚，仅查阅的资料就记录了满满几大本。研究工作从理论模型的提炼与建立、作图制表、数学运算和数值计算开始，同时开展实验工作。研究的最终目标是理论值和实验结果一致。

实训设备

（1）电烙铁　　　　　　　　1 台
（2）焊锡丝　　　　　　　　若干
（3）示波器　　　　　　　　1 台
（4）数字万用表　　　　　　1 块
（5）直流稳压电源　　　　　1 台
（6）电源板套件　　　　　　1 套
（7）负载机　　　　　　　　1 台

3.2.1 任务分析

电子产品测试是现代电子企业生产中必不可少的质量监控手段，主要起到对产品生产的过程控制、质量把关、产品的合格性判定等作用。电子产品测试是按电子产品技术要求，进行观察、测量、试验，并将得到的结果与规定的要求进行比较，以确定产品各项指标的合格情况。

本学习任务是使用专业测试设备负载机、数字示波器和数字万用表对直流稳压电源模块的参数测试，并能对测试结果进行分析，填写测试报告。

3.2.2 相关知识

1. 电源指标

（1）电源指标的相关概念

①绝对稳压系数。

绝对稳压系数：表示负载不变时，稳压电源输出直流变化量 ΔU_o 与输入电网变化量 ΔU_i 之比。即 $K = \Delta U_o / \Delta U_i$。

相对稳压系数：表示负载不变时，稳压器输出直流电压 U_o 的相对变化量 ΔU_o 与输出电网 U_i 的相对变化量 ΔU_i 之比。即 $K = (\Delta U_o / U_o) / (\Delta U_i / U_i)$。

②电网调整率。

表示输入电网电压由额定值变化 ±10% 时，稳压电源输出电压的相对变化量，有时也以绝对值表示。

③电压稳定度。

负载电流保持为额定范围内的任何值，输入电压在规定的范围内变化所引起的输出电压相对变化 $\Delta U_o / U_o$（百分值），称为稳压器的电压稳定度。

（2）负载对输出电压影响的几种指标形式

①负载调整率（也称电流调整率）。

在额定电网电压下，负载电流从零变化到最大时，输出电压的最大相对变化量，常用百分数表示，有时也用绝对变化量表示。

②输出电阻（也称等效内阻或内阻）。

在额定电网电压下，由于负载电流变化 ΔI_L 引起输出电压变化 ΔU_o，则输出电阻为 $R_o = |\Delta U_o / \Delta I_L|$。

③冲击电流。

冲击电流是指输入电压按规定时间间隔接通或断开时，输入电流达到稳定状态前所通过的最大瞬间电流。一般是 20～30 A。

④过流保护。

一种电源负载保护功能，以避免发生包括输出端子上的短路在内的过负载输出电流对电源和负载的损坏。过流的给定值一般是额定电流的 110%～130%。

⑤过压保护。

一种对端子间过大电压进行负载保护的功能。一般规定为输出电压的130%~150%。

⑥输出欠压保护。

当输出电压在标准值以下时，检测输出电压下降，或为保护负载及防止误操作而停止电源并发出报警信号，多为输出电压的80%~30%。

⑦过热保护。

在电源内部发生异常或因使用不当而使电源温升超标时，停止电源的工作并发出报警信号。

⑧温度漂移和温度系数。

温度漂移：环境温度的变化影响元器件的参数的变化，从而引起稳压器输出电压变化。常用温度系数表示温度漂移的大小。

⑨响应时间。

是指负载电流突然变化时，稳压器的输出电压从开始变化至到达新的稳定值的一段调整时间。

在直流稳压器中，则是用矩形波负载电流时的输出电压波形来表示这个特性，称为过度特性。

2. 恒压电源测试方法

（1）输入特性测试

①工作输入电压和电压变动范围。

输入特性测试回路如图3.28所示。通过调节直流稳压电源输出电压，测试恒压电源模块输出电压，从而检测恒压电源模块的输出电压变动、输入电压范围对输出的影响。

图3.28 测试回路

②输入电阻。

用数字万用表的电压挡接到恒压电源模块的输入端，测试输入电阻大小。

（2）输出特性测试

①额定输出电压。

使用电子负载机恒压模式，调节负载机电阻大小，测试输出电流大小。

②额定输出电流。

使用电子负载机恒压模式，设定恒定电压值，调节负载机电阻大小，测试输出电流最大值。

③纹波噪声。

将数字示波器接在恒压电源模块的输出端，检测输出电压的纹波。典型纹波信号如图3.29所示。

3. 负载机

在一般的系统中，电源（包括电池）能否保持稳定供电是极其重要的，对电源评测往往需要用很长的时间进行。测试时，让电源连接什么样的负载就成了一个问题。没有负载就

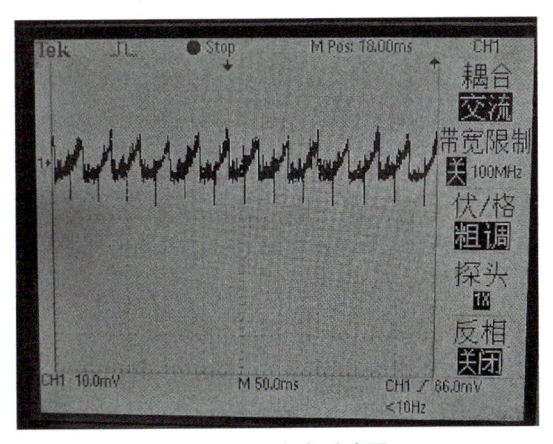

图 3.29 纹波测试图

无法进行电源评测。用实际负载（如电机）进行电源评测也不合理。为了自动进行电源测试，常使用电子负载机（图 3.30）。

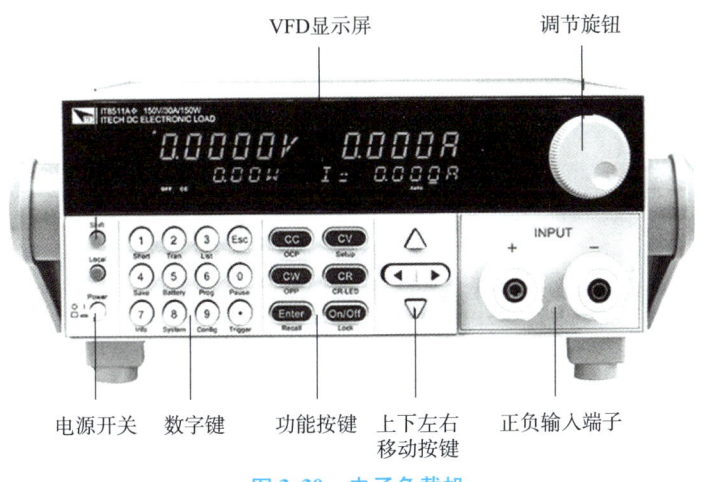

图 3.30 电子负载机

电子负载是与被测试电源的输出端相连，并模拟与该电源连接的负载的性能，以高效地进行电源性能测试的设备。这里所说的电源，是指直流电源、交流电源，或者电池，以及太阳能电池和发电机等可以供电的所有电压源。使用电子负载，可以很快将电源输出电流设定为任意值。与电阻负载等不同，电子负载可以产生与实际负载工作状态相同的变动的电流，可以应对各种电子产品测试。电子负载机的工作模式有多种，有设定电流值的恒定电流模式，也有可以设定电阻值的恒定电阻模式等。

（1）恒定电流模式

电压变化，电流恒定不变。当电子负载的端子电压发生变化时，电流也以恒定值输出，如图 3.31（a）所示。这种模拟负载模式，在开关电源等电源的测试中被广泛使用。

（2）恒定电阻模式

输出与电压成比例的电流。与实际电阻一样，输出与负载端子电压成比例的电流，如图

3.31（b）所示。因为具有与电阻器同样的特性，所以适用于模拟一般的负载。另外，实际设定的并不是电阻值，而是电阻值的倒数。

（3）恒定电压模式

保持恒定电压的电流输出保持电源侧的输出电压恒定，控制负载电流变化，如图3.31（c）所示。适用于充电电池等的充电器的测试。

（4）恒定功率模式

保持恒定功率的电流输出保持电子负载的消耗功率恒定，控制负载电流变化，如图3.31（d）所示。

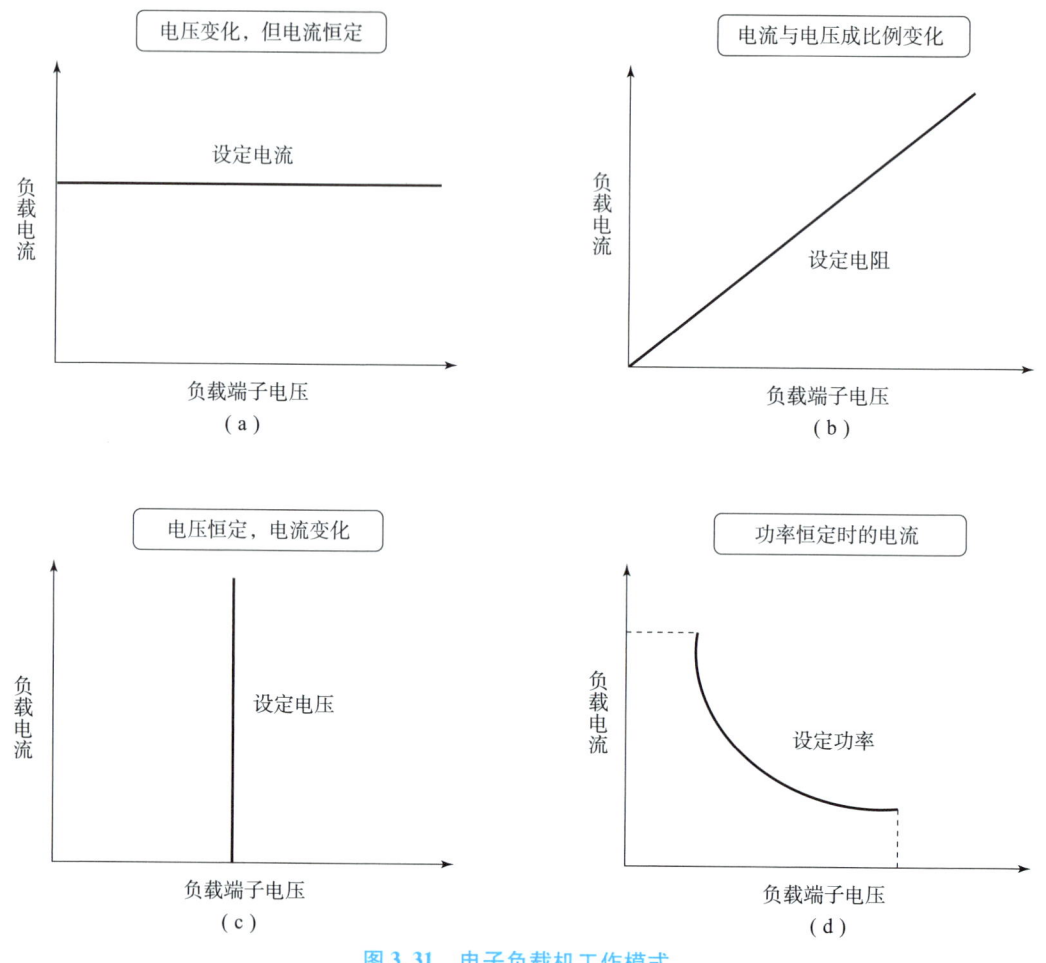

图3.31　电子负载机工作模式

（a）恒定电流模式（CC：Constant Current）；（b）恒定电阻模式（CR：Constant Resistance）；
（c）恒定电压模式（CV：Constant Voltage）；（d）恒定功率模式（CP：Constant Power）

4. 线路板接口电路

电源接口电路如图3.32所示，为增加恒流电源功能，电路板增加了供电开关控制、短路保护、输入过压保护功能，其中，开关控制使用带自锁功能的按钮实现，短路保护使用NTC，即负温度系数的热敏电阻，输入过压保护电路采用双极性TVS管。

热敏电阻（NTC）：随着温度上升，电阻呈指数关系减小，具有负温度系数的热敏电阻现象和材料。实物如图 3.33 所示。常用热敏电阻的参数见表 3.3。

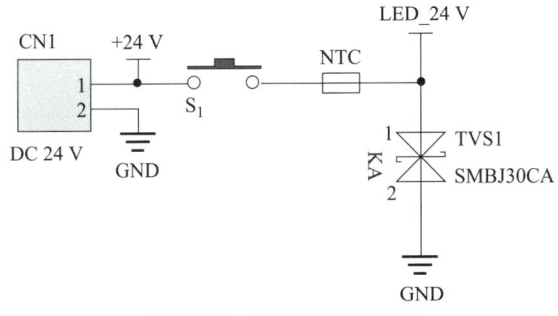

图 3.32　电源接口电路图

图 3.33　热敏电阻

表 3.3　NTC 参数表

型号规格	额定阻值/Ω	最大稳态电流/A	耗散系数/(mW·℃$^{-1}$)	热时间常数/s	工作温度/℃
3D-25	3	9	32	124	-55 ~ +200
5D-7	5	2	10	28	-55 ~ +200
5D-9	5	3	11	34	-55 ~ +200
5D-11	5	4	13	45	-55 ~ +200
5D-25	5	8	32	125	-55 ~ +200

功率型 NTC 热敏电阻多用于电源抑制浪涌。抑制浪涌用 NTC 热敏电阻器，其是一种大功率的圆片式热敏电阻器。

在电路电源接通瞬间，电路中会产生比正常工作时高出许多倍的浪涌电流，而 NTC 热敏电阻器的初始阻值较大，可以抑制电路中过大的电流，从而保护其电源电路及负载。

当电路进入正常工作状态时，热敏电阻器由于通过电流而引起阻体温度上升，电阻值下降至很小，不会影响电路的正常工作。

TVS 二极管：TVS 二极管是一种用于保护的电子元器件，可以保护电器设备不受导线引入的电压尖峰破坏。当 TVS 二极管的两端经受瞬间高能量冲击时，以 ps 级的速度把两端间的阻抗值由高阻抗变为低阻抗，以吸收瞬间大电流，把两端电压箝制在一个预定的数值上，从而保护后面的精密元器件不受瞬态高压尖峰脉冲的冲击。TVS 二极管工作原理如图 3.34 所示，TVS 二极管符号如图 3.35 所示，TVS 二极管实物如图 3.36 所示。

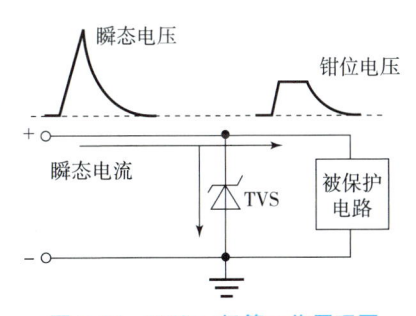

图 3.34　TVS 二极管工作原理图

图 3.35　TVS 二极管符号

图 3.36　TVS 二极管实物

TVS 二极管凭借 pS 级响应速度、大瞬态功率、低漏电流和电容、箝位电压易控制、击穿电压偏差小、可靠性高、体积小、安装方便等优势，广泛应用于敏感电子零件过压保护中，在汽车电子、消费类电子、工业设备、家用电器、通信设备等领域均能看到 TVS 二极管的身影。

自锁开关：一般是指开关自带机械锁定功能，按下去再松手后，按钮是不会完全跳起来的，处于锁定状态，需要再按一次，才能解锁完全跳起来。这就叫自锁开关。实物如图 3.37 所示，工作状态如图 3.38 所示，尺寸如图 3.39 所示。

图 3.37　实物

图 3.38　工作状态

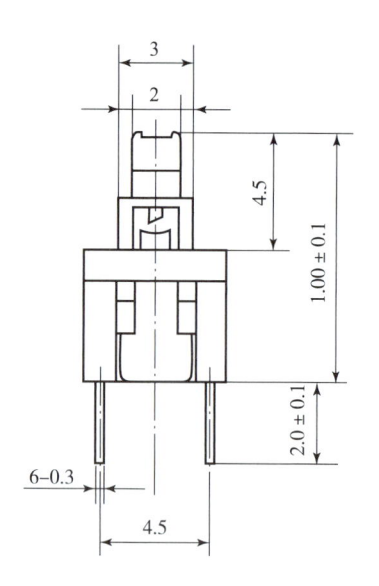

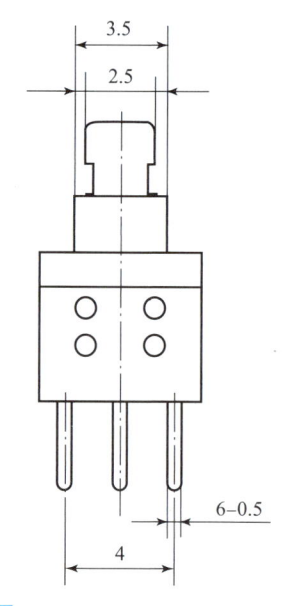

图 3.39　尺寸图

3.2.3 任务实施

1. 注意事项

①直流稳压电源输出电压调整到 24 V。
②元器件焊接时,要防止错焊、漏焊、虚焊。
③使用负载机时,严格按照使用说明书操作,防止误操作,损坏设备和电源电路板。

2. 操作步骤

①对照原理图,检查电源模块电路板(图 3.40)上各元器件是否错焊、漏焊和虚焊。

图 3.40 电源模块实物图

②用数字万用表分别测试输入电阻和输出电阻大小,填写表 3.4。
③连接测试回路,如图 3.41 所示。

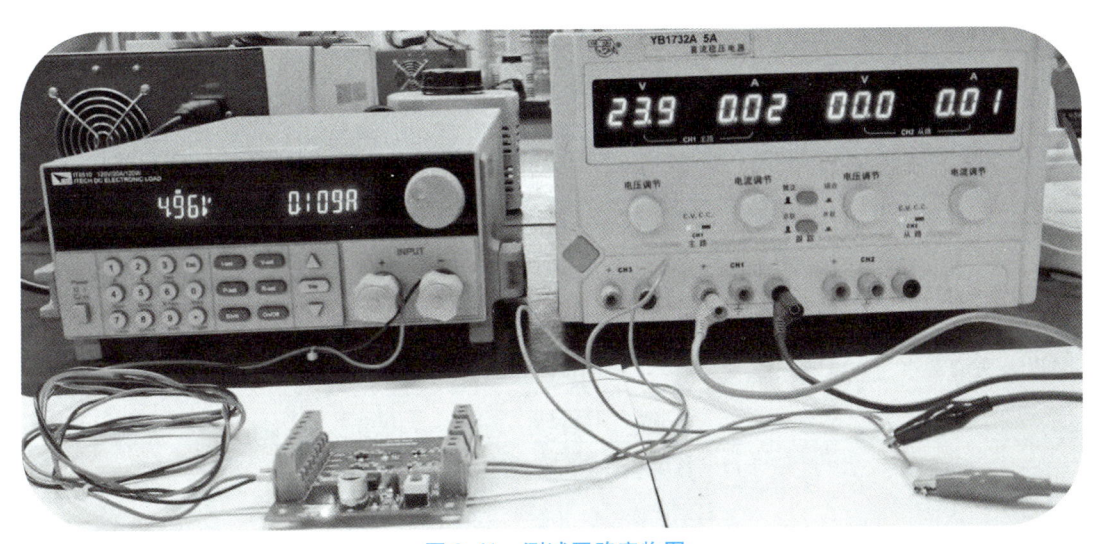

图 3.41 测试回路实物图

④启动电子负载机,按下"V-SET"按钮进入恒压测试模式,按下"5"键,再按下"SET"键。

⑤输入电压24 V，调节负载机旋钮，输出电压不小于4.9 V，测试最大输出电流 I，填写表3.4。

⑥用示波器检测输出电压纹波，记录纹波峰峰值，填写表3.4。

表3.4 电源模块测试参数表

序号	测试项目	测量值	备注
1	输入电阻/Ω		
2	输出电阻/Ω		
3	输出电压不小于4.9 V，输出电流最大值/mA		
4	输出电压5 V，纹波峰峰值/mV		

3. 测试参数分析

根据测试结果，并将结果与设计要求进行对比，说明该电源模块性能指标是否达到要求。

任务评价

测试恒压电源

任务评价表

序号	评价类型	赋分	评价指标	分值	自评	互评	教师评
1	职业能力	60	线路连接正确	20			
			输入电源调节正确	10			
			测试参数完整	10			
			测试参数正确	20			
2	职业素养	20	敬业精神，遵守纪律	5			
			沟通协作，问题解决	5			
			操作规范性，安全意识	5			
			创新思维，方案优化	5			
3	劳动素养	10	任务按时完成，填写认真	3			
			工位整洁，工具归位	5			
			任务参与度，工作态度	2			
4	思政素养	10	思政素材学习情况	5			
			对"科学严谨，求真务实"的认识程度	5			
			总分				

课后拓展

思考与讨论

如何减少电源纹波?

任务 3.3　设计典型恒流电源

学习目标

★ 了解直流恒流电源特点
★ 掌握直流恒流电源工作原理
★ 能根据直流恒流电源的开发方案，确定电路结构
★ 能设计典型恒流电源
★ 能使用 Altium Designer 软件进行电路原理图设计
★ 能设计恒流电源 PCB 图

素质拓展

★ 良好的职业习惯

工作总结的作用
1. 工作总结提升思维能力，思维能力决定了员工的价值，思维能力的提升不是靠课本知识可以学习到的，而是需要在工作中不断积累。工作总结是一天工作下来，用语言把遇到的事情、问题说清楚。总结的过程也能帮助更好地提升思维能力和逻辑能力。 2. 总结是对工作的升华和剖析，一件工作从部署到完成，是一个环节性循环，总结可以让这个过程更加有序、有效和高质。如果说工作是齿轮转动，那么总结就是适度润滑和参数调节，让齿轮转动更好、更顺畅，延长本体的使用寿命，并形成规律性的调节。 及时总结，不是做面子工程，也不是增加工作负担，而是积累工作方法和解决方式，逐步形成工作体系，是对阶段性工作或重点工作的深入剖析；既能促进员工成长，又能改进工作成效，有了及时性及点滴的技术总结，全面性工作总结也就水到渠成了。

实训设备

（1）计算机　　　　　　　　　　1 台
（2）Altium Designer 软件　　　　1 个

3.3.1　任务分析

LED 光源通常使用恒流电源，恒流电源驱动 LED 灯珠可让光源发光均匀性一致，有利于提高智能照明效果。设计一款恒流电源解决项目 2 中 LED 光源的驱动问题至关重要，本任务采用 BCR402 设计恒流电源，该电源能够驱动两路 6 颗 0.5 W LED 灯珠串联光源，LED 灯珠工作电流为 100 mA。

3.3.2 相关知识

1. 恒流电源基础知识

恒流电源就是无论负载大小如何变化，输出电流都不变。若将电流表串入负载，并将电压表并联负载测量时，会发现负载内阻越大，输出电压越高，同时电流表指示不变。

实际的恒流电源是有输出电压范围（功率范围）限制的，如果由于负载的变化使得输出电压低于低限，或高于高限，电源就会自动保护或停止输出并报警。

恒流源是输出电流保持恒定的电流源，而理想的恒流源应该具有以下特点：

①不因负载（输出电压）变化而改变。
②不因环境温度变化而改变。
③内阻为无限大（以使其电流可以全部流出到外面）。

2. 恒流电源结构

基本的恒流源电路主要由输入级和输出级构成，输入级提供参考电流，输出级输出需要的恒定电流。

（1）构成恒流源电路的基本原则

恒流源能够提供稳定的电流，以保证其他电路稳定工作，即要求恒流源电路输出恒定电流，作为输出级的器件，应该具有饱和输出电流的伏安特性，可以采用工作于输出电流饱和状态的 BJT 或者 MOSFET 来实现。

为了保证输出晶体管的电流稳定，必须要满足两个条件：

①其输入电压稳定，输入级是恒压源。
②输出晶体管的输出电阻尽量大（理想值为无穷大），输出级是恒流源。

（2）对于输入级器件的要求

因为输入级需要是恒压源，所以可以采用具有电压饱和伏安特性的器件来作为输入级。一般的 PN 结二极管就具有这种特性——指数式上升的伏安特性；另外，把增强型 MOSFET 的源-漏极短接所构成的二极管，也具有类似的伏安特性——抛物线式上升的伏安特性。

（3）对于输出级器件的要求

如果采用 BJT，为了使其输出电阻增大，需要设法减小 Evarly 效应（基区宽度调制效应），即要尽量提高 Evarly 电压。

如果采用 MOSFET，为了使其输出电阻增大，就需要设法减小其沟道长度调制效应和衬偏效应。因此，这里一般选用长沟道 MOSFET，而不用短沟道器件。

3. 恒流电源分类

恒流电源可分为三类：晶体管恒流源、场效应管恒流源、恒流芯片恒流源等。

（1）晶体管恒流源

恒流源以晶体三极管为主要组成器件，利用晶体三极管集电极电压变化对电流影响小，并在电路中采用电流负反馈来提高输出电流的恒定性，还采用一定的温度补偿和稳压措施。其基本型电路如图 3.42 和图 3.43 所示。

在图 3.42 中，R_1、R_2 分压稳定 b 点电位为 V_b，R_e 形成电流负反馈，输出电流 $I_o = (V_b - V_{be})/R_e \approx V_b/R_e (V_b > V_{be})$。图 3.43 中的电路的不足就是晶体管的集射极间电阻一般为几十

图 3.42 恒流源（1）　　　　　图 3.43 恒流源（2）

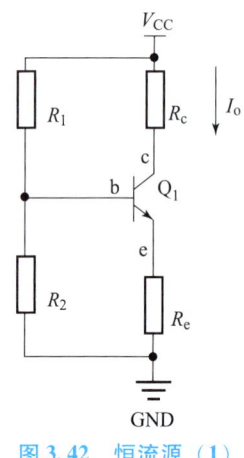

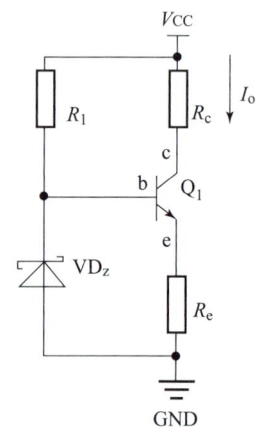

千欧以上，当只需几伏的工作电压时，采用这种恒流源电路，其等效内阻非常大，功耗大，并且精度不高。

实际电路中，最常用的简易恒流源如图 3.44 和图 3.45 所示，用两只同型三极管，利用三极管相对稳定的 V_{be} 电压作为基准，电流数值为 $I = V_{be}/R_1$。

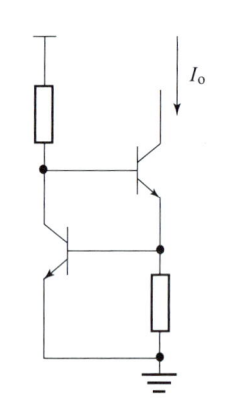

图 3.44 恒流源改进型（1）　　　　　图 3.45 恒流源改进型（2）

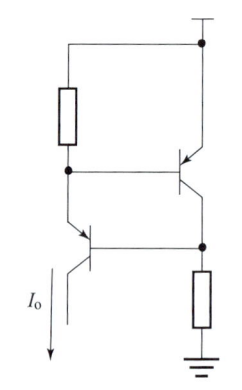

设计恒流电源

图 3.44 中恒流源的优点是电路简单，而且电流可以自行设定，也没有使用特殊的元件，有利于降低产品的成本。缺点是不同型号的管子，其 V_{be} 电压不相同，即使型号相同，也有个体差。不同的工作电流下，电压也会有一定的波动，因此不适合精密恒流需求。

（2）场效应管恒流源

由场效应晶体管作为主要组成器件的恒流电路如图 3.46 所示。

$$I_d = 2I_{dss}(1 - V_{gs} \cdot V_p)$$

式中，V_p 表示为夹断电压；I_{dss} 为饱和漏极电流。也可以去掉电源辅助回路，变成一个纯两端网络。

（3）恒流芯片恒流源

使用恒流 IC 设计恒流电源，恒流 IC 有很多种，是恒流电源设计的主要方式。恒流 IC 是用一定的工艺将电路中所需的晶体管、电阻、电容、电感等元器件和布线相互连接起来，制作在半导体晶片或介质基板上，然后进行封装起来形成芯片。使用恒流 IC 设计的恒流电

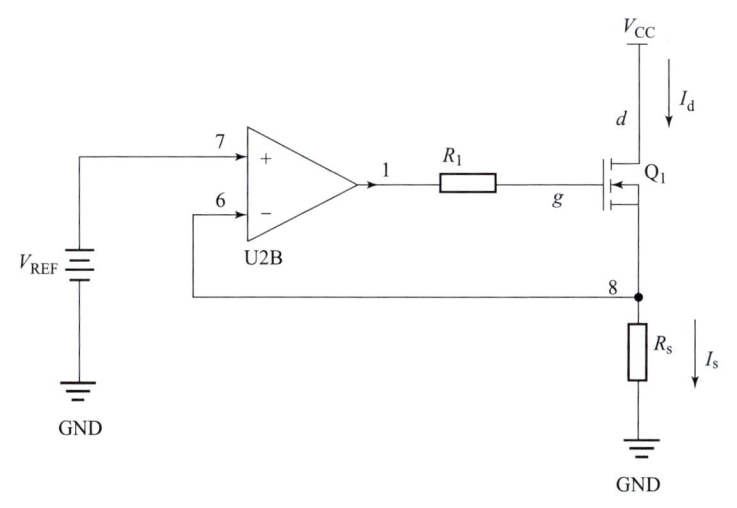

图 3.46　场效应管恒流源改进型

源特点如下：
- ◆ 极少的外部元器件。
- ◆ 很宽的输入电压范围。
- ◆ 输出电流大、精度高。
- ◆ 具有电流调整功能。
- ◆ 具有开路保护和短路保护。
- ◆ 效率高、散热性能好。
- ◆ 体积小。

典型恒流芯片构成的恒流电源

应用恒流 IC 芯片 PT4115 设计恒流电源。设计中，参考典型应用电路，设计的 300 mA 恒流电路如图 3.47 所示。

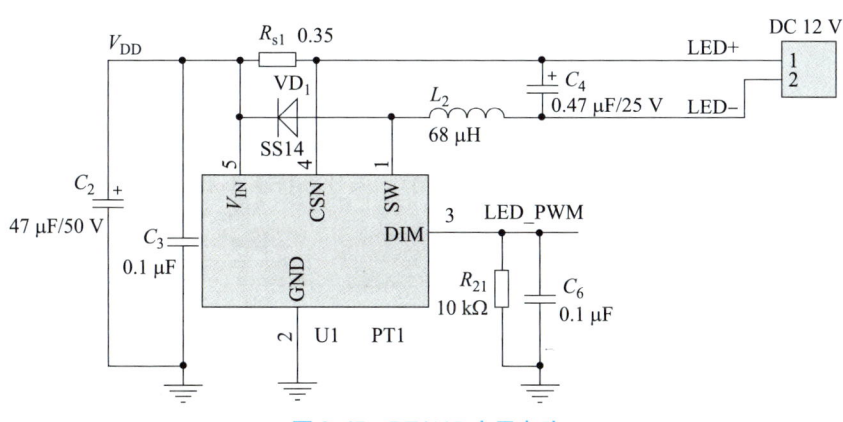

图 3.47　PT4115 应用电路

PT4115 内置功率开关，采用高端电流采样设置 LED 平均电流，通过 DIM 引脚可以接受模拟调光和很宽范围的 PWM 调光。LED 的最大平均电流由连接在 VIN 和 CSN 两端的电阻 R_s 决定，通过在 DIM 管脚加入可变占空比的 PWM 信号，改变输出电流以实现调光，计算方法如下所示：

$$I_{OUT} = \frac{0.1 \times D}{R_s}(0 \leq D \leq 100\%, 2.5\ V < V_{PULSE} < 5\ V)$$

如果高电平小于 2.5 V，则：

$$I_{OUT} = \frac{V_{PULSE} \times 0.1 \times D}{2.5 \times R_s}(0 \leq D \leq 100\%, 0.5\ V < V_{PULSE} < 2.5\ V)$$

式中，D 表示 PWM 信号的占空比；R_s 表示电流采样电阻；I_{OUT} 表示输出电流；V_{PULSE} 表示 PWM 信号的幅值。

4. 典型恒流电源设计方案

使用专用恒流芯片进行设计，设计一款输出电流恒流 100 mA。芯片选用恒流专用电源芯片 BCR402。BCR402 芯片内部集成晶体管、二极管和电阻，可作为线性 LED 驱动的恒流调节器（CCR）。该设备的调节器最低预设 10 mA 标称，可以调整芯片外围电路，使得输出电流高达 350 mA。BCR402 芯片是为驱动串形 LED 而设计的，并将在温度升高时降低电流，以实现自我保护。作为 LED 串电流控制的串联线性 CCR，最大供电电压小于 40 V，可以在多种应用中使用。BCR402 芯片有一个使能（EN）引脚，可以通过微控制器产生高达 10 kHz 的脉宽调制（PWM），进行 LED 调光。

特征：

①LED 驱动电流预设为 20 mA。

②通过调节外部电阻，连续输出电流高达 65 mA。

③通过简单外围电路，增加输出电流。

④电源电压高达 40 V。

⑤具有低端电流控制功能。

⑥脉宽调制信号 PWM 输入频率高达 10 kHz。

⑦小型 SC74 封装，最大功耗为 750 mW。

⑧负温度系数（NTC）会随着温度升高而减小，降低了较高温度下的输出电流。

在 BCR402（图 3.48）的典型应用电路中，通过调节 4、6 脚间电阻 R_{ext} 的大小，实现输出引脚 2、3、5 总电流的变化，如图 3.49 和图 3.50 所示。电阻 R_{ext} 与电流 I 之间的关系如图 3.51 和图 3.52 所示。

图 3.48 BCR402 实物图 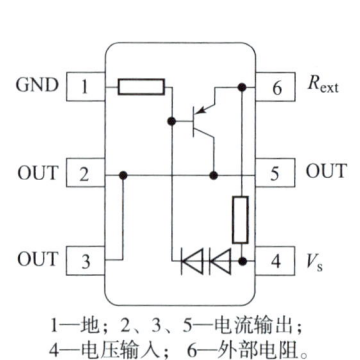   图 3.49 BCR402 引脚图 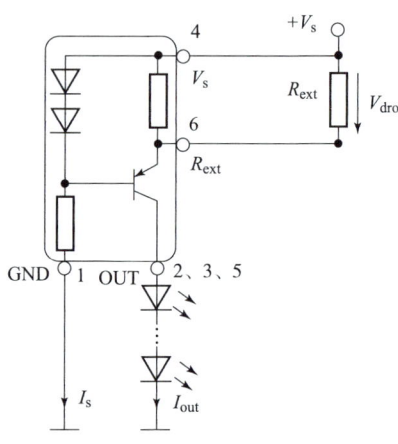   图 3.50 BCR402 典型应用

1—地；2、3、5—电流输出；4—电压输入；6—外部电阻。

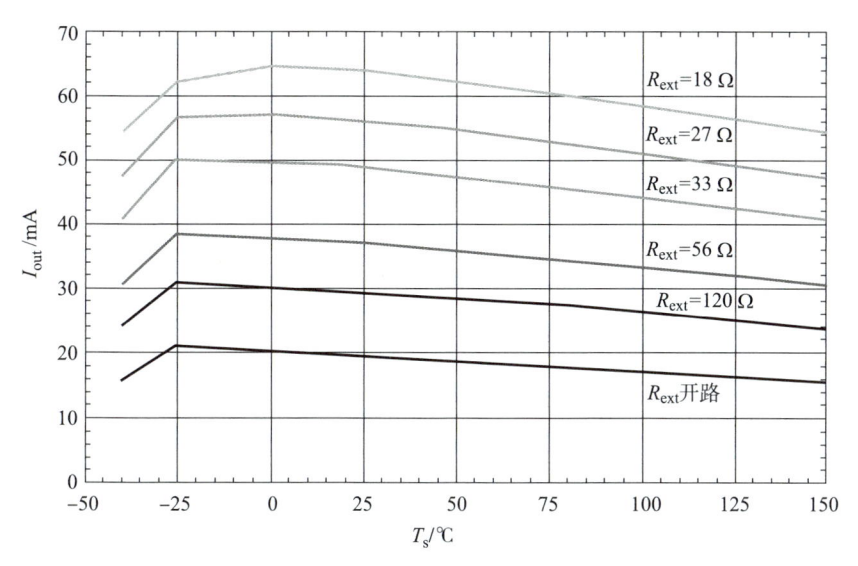

图 3.51　电阻 R_{ext} 与电流 I_{out} 关系图

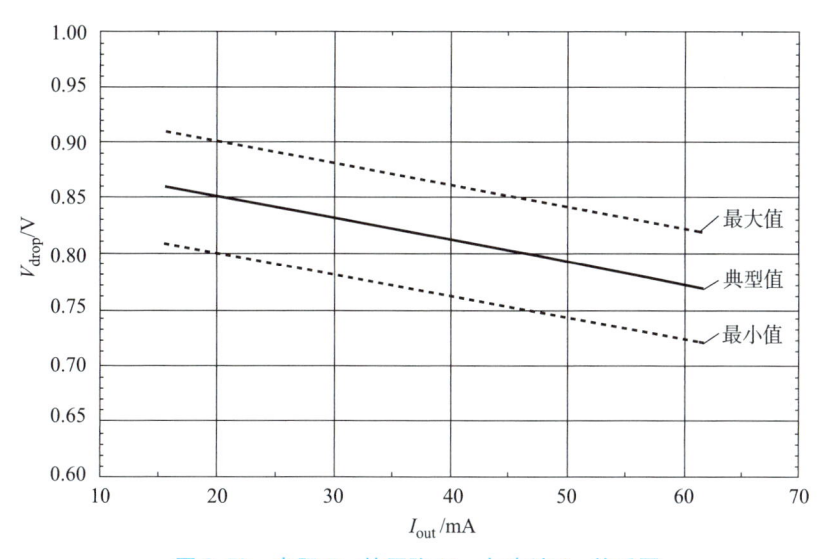

图 3.52　电阻 R_{ext} 的压降 V_{drop} 与电流 I_{out} 关系图

根据设计功能要求，选择 BCR402 的典型应用，输出电流最大只有 65 mA，不能满足要求，因此要选择芯片的扩流技术。BCR402 典型扩流电路如图 3.53 所示。在 BCR402 芯片扩流恒流电路中，需使用外部升压晶体管 Q_1 进行大电流和散热的处理。在这种应用中，BCR402 芯片和外部升压晶体管 Q_1 在闭环系统中运行；通过感应电阻 R_{ext} 检测输出电流；如果环境温度和电源电压发生变化，BCR402 芯片调节其输出电流大小，以维持感应电阻 R_{ext} 上的压降 V_{drop} 恒定，从而保证 LED 灯珠上的电流 I_{LED} 恒定。

工作原理：BCR402 芯片的输出电流输入升压晶体管 Q_1 的基极。升压晶体管 Q_1 的集电极电流是基极电流的 β 倍，是用来供给 LED 光源的电流。因 LED 灯珠上的电流 I_{LED} 是由感应电阻 R_{ext} 决定的，升压晶体管 Q_1 的直流电流增益值 β 的变化不会对电路的工作产生不利影响。感应电阻 R_{ext} 与输出电流关系如图 3.54 和表 3.5 所示。

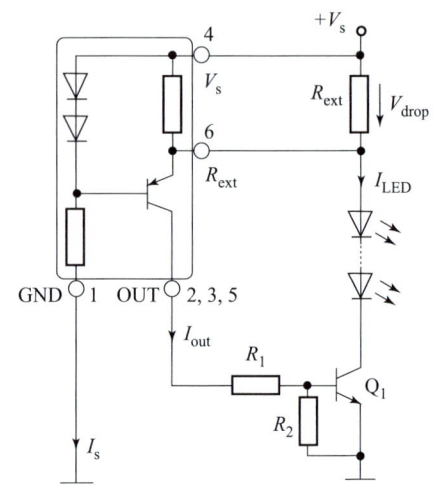

图 3.53　BCR402 扩流应用电路

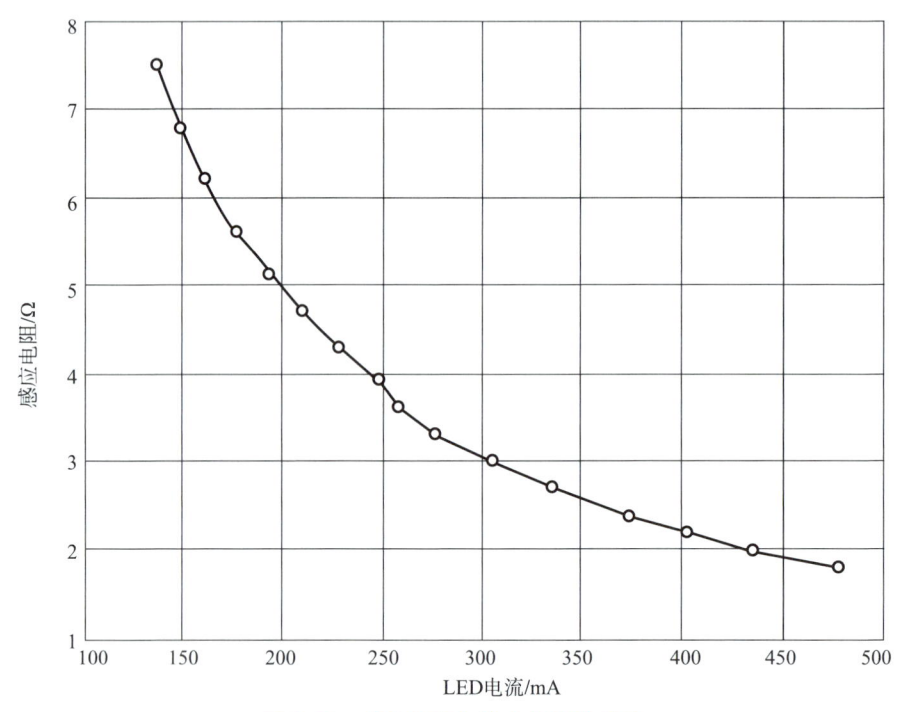

图 3.54　感应电阻与输出电流关系图

表 3.5　典型感应电阻和电流关系表

感应电阻 R_1/Ω	LED 电流/mA	感应电阻 R_1/Ω	LED 电流/mA
1.8	476	3.9	248
2.0	433	4.3	228
2.2	401	4.7	209

续表

感应电阻 R_1/Ω	LED 电流/mA	感应电阻 R_1/Ω	LED 电流/mA
2.4	373	5.1	193
2.7	334	5.6	176
3.0	304	6.2	160
3.3	276	6.8	147
3.6	257	7.5	136

3.3.3 任务实施

1. 注意事项

①设计恒流电源需要考虑输入电压和输出电流。
②认真查阅集成稳压器数据手册。
③根据集成恒流 IC 典型应用电路,设计本电源电路。

2. 操作步骤

参考 BCR402 扩流典型电路,设计出 110 mA 恒流电源。单一电路,扩流三极管选择 2DS1815。

(1) 设计方案分析

①感应电阻设计。

使用 BCR402 扩流电路设计恒流电源,核心是 R_{ext} 电阻的设计。由图 3.54 可知,BCR402 输出电流为 100 mA 时,感应电阻 $R_1 = 8.2\ \Omega$。电阻 R_1 的功率 P 为 $P_{R_1} < I^2 R_1 = 0.1 \times 0.1 \times 8.2 = 0.082$(W)。

根据表 3.6 电阻封装与功率关系进行电阻设计,电阻 R_1 选择封装为 SMD1206。

表 3.6 SMD 电阻封装与功率参考表

封装	0603	0805	1206	1210	2010	2512
功率/W	1/10	1/8	1/4	1/3	3/4	1

②供电电源。

由图 3.55 所示,LED 灯珠在 55 mA 时,工作电压 $V_F = 2.9$ V,则供电电压要大于
$$7 \times V_F + 0.8\ V + 1\ V = 7 \times 2.9\ V + 0.8\ V + 1\ V = 22.1\ V$$

注:0.8 V 是感应电阻压降,1 V 是扩流三极管工作在饱和状态下的最小电压。

供电电源选择 24 V。

③电流调整电路。

电流调整电路与 BCR402 芯片第 1 脚接口,通过外部输入 PWM 信号,控制三极管导通与截止,使得芯片 BCR402 工作,输出电流;或者停止工作,无电流输出。

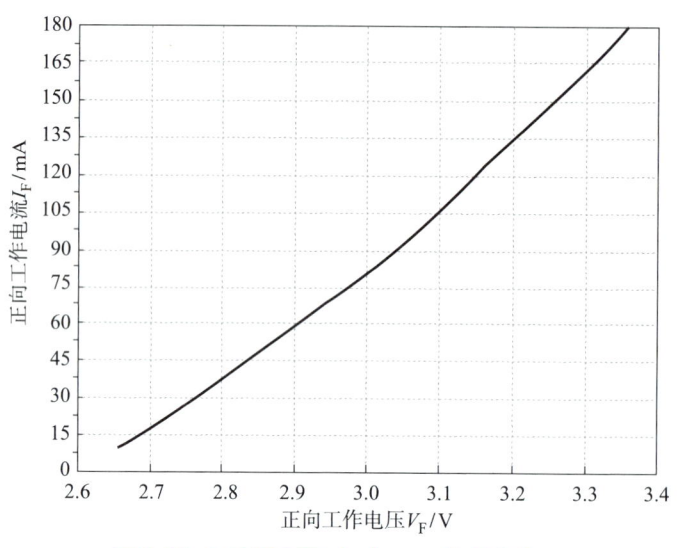

图 3.55　0.5 W LED 灯珠 $V-I$ 特性曲线图

（2）绘制原理图

根据设计方案，画电路原理图。LED 光源连接在 LED1+ 和 LED1- 之间或 LED2+ 和 LED2- 之间，如图 3.57 所示。

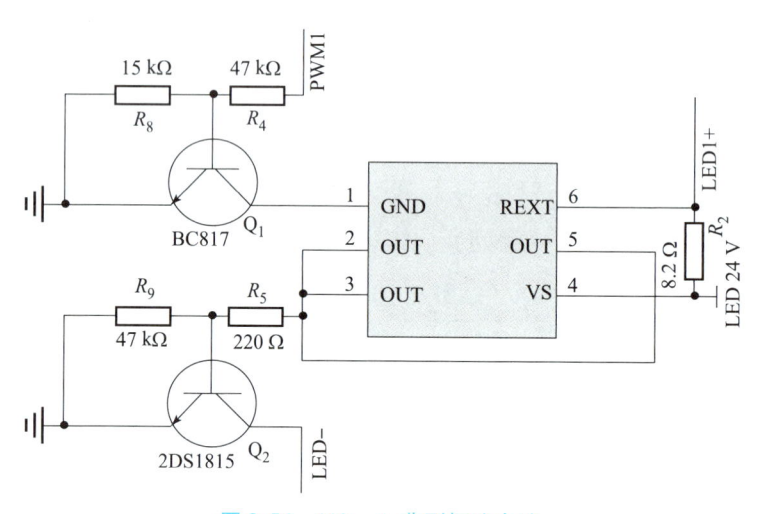

图 3.56　110 mA 典型恒流电路

图 3.57 两路恒流电路图

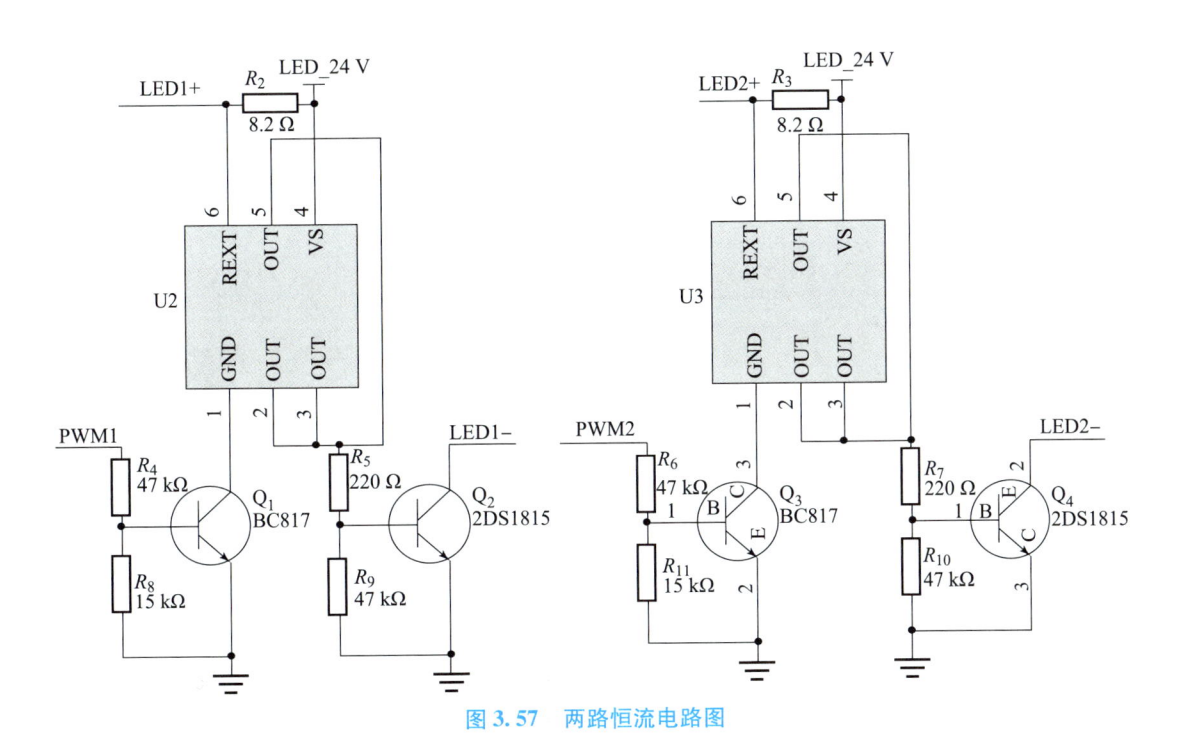

任务评价

任务评价表

序号	评价类型	赋分	评价指标	分值	得分 自评	得分 互评	得分 教师评
1	职业能力	60	线路连接正确	20			
			输入电源调节正确	10			
			测试参数完整	10			
			测试参数正确	20			
2	职业素养	20	敬业精神，遵守纪律	5			
			沟通协作，问题解决	5			
			操作规范性，安全意识	5			
			创新思维，方案优化	5			
3	劳动素养	10	任务按时完成，填写认真	3			
			工位整洁，工具归位	5			
			任务参与度，工作态度	2			

续表

序号	评价类型	赋分	评价指标	分值	得分 自评	得分 互评	得分 教师评
4	思政素养	10	思政素材学习情况	5			
			对"工作总结"的认识程度	5			
			总分				

课后拓展

思考与讨论

（1）LED 正常发光必须满足哪些条件？

（2）简要描述 LED 发光过程。

设计可调电流源原理图

任务 3.4　测试恒流电源

学习目标

★ 能识读恒流电源电路的原理图
★ 能识读恒流电源的装配图及接线图表
★ 能熟练掌握不同元器件的安装工艺，完成智能硬件的装配
★ 能熟练操作复杂电子仪器设备调试恒流电源电路
★ 能填写恒流电源调试报告
★ 能够根据恒流电源模块调试报告，分析调试结果

素质拓展

★ 以诚信的精神对待职业

1. 诚信是衡量人品的标尺。
在工作中，许多员工以为撒个小谎无伤大雅，进而乐此不疲，殊不知对于不诚实或在金钱使用上有不良记录的员工，老板可能因一时之需仰仗你的才能，但一旦失去利用价值，纵然你才华横溢，也会被逐出门。
2. 言必行，行必果。
一个接受了任务却不努力完成的人，哪个上司会器重？正如一个缺乏诚信和信用的客户，谁会愿意与他合作？工作中，一旦接受了某一任务，就意味着做出了承诺，就应努力完成任务。
3. 个人诚信直接影响企业信誉。
员工的诚信之所以被企业和组织所看重，是因为个人的诚信直接影响到企业和组织的诚信。试想，在一个企业里，如果大家对工作都不诚信、不负责，企业又凭什么赢得客户。
4. 诚信是职场晋升的通行证。
由于行业、职能、工作地等因素，职场也有它的圈子存在，特别是一些关键性的职位，"猎头"锁定的都是口碑好、诚信高、业务能力强的综合素质俱佳的人才。或许有人会靠颜值、靠关系，但比起那些靠诚信、靠实力换来的资源和成就，颜值和关系似乎有一种摇摇欲坠的廉价感。所以，诚信才是职场一直存在的"贵人"。

实训设备

（1）电烙铁　　　　　　　　1 台
（2）焊锡丝　　　　　　　　若干
（3）示波器　　　　　　　　1 台

（4）数字万用表　　　　　　　　1 块
（5）直流稳压电源　　　　　　　1 台
（6）恒流电源板套件　　　　　　1 套
（7）负载机　　　　　　　　　　1 台

3.4.1　任务分析

根据图 3.57 所示原理图对恒流电源实训电路板进行检查，主要对元器件实物识别，检查元器件是否有漏焊、虚焊、错焊。使用专业测试设备负载机、数字万用表对恒流电源模块参数测试，并能对测试结果进行分析，填写测试报告。

3.4.2　相关知识

恒流电源测试方法如下：

使用电子负载机测试恒流电源模块，用户选择功能键 CC，负载进入定电流模式，在定电流模式下，不管输入电压是否改变，电子负载消耗一个恒定的电流，电压与电流关系如图 3.58 所示。

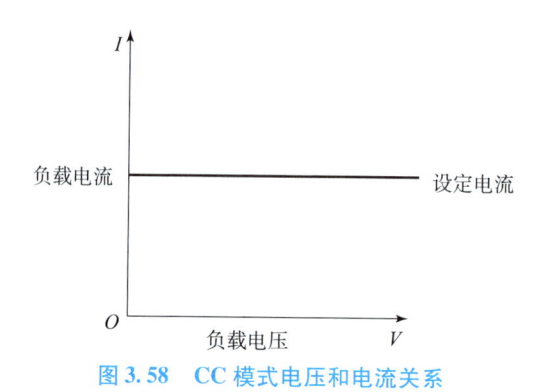

图 3.58　CC 模式电压和电流关系

在定电流模式下，电子负载提供三种方法设置定电流值：
①旋转调节旋钮来设置定电流值。
②使用数字键输入电流值，按 Enter 键确认设置定电流值。
③用◀▶移动光标，按▲▼调整对应位置上的值。
在定电流模式下，用户可以设置最大工作电流值。
操作过程：
①按 CC 键，按 Shift + CV 组合键，进入参数设置界面。
RANGE = 30.000A
CC
②设置最大工作电流值，按 Enter 键确认。
RANGE = 10.000A
CC

③按 Esc 键退出设置。
HIGH=120.00V
CC

说明：当设置的电流在小量程范围内时，电流显示分辨率将提高，此处可以只设置电压量程，其他参数设置用来编辑自动测试步骤。

3.4.3 任务实施

1. 注意事项

①直流稳压电源输出电压调整到 24 V。
②元器件焊接时，要防止错焊、漏焊、虚焊。
③负载机使用时，严格按照使用说明书操作，防止误操作，损坏设备和电源电路板。

2. 操作步骤

①对照原理图，检查电源模块电路板（图 3.59）上各元器件是否错焊、漏焊和虚焊。

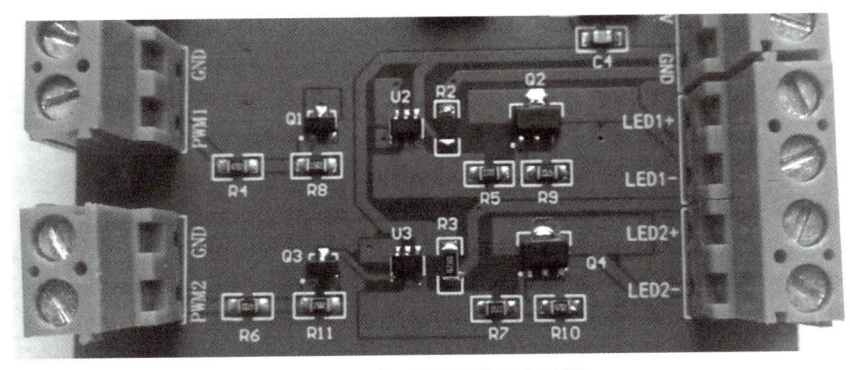

图 3.59 恒流电源模块实物图

②用数字万用表分别测试输入电阻和输出电阻大小，填写表 3.7。
③连接测试回路如图 3.60 所示。

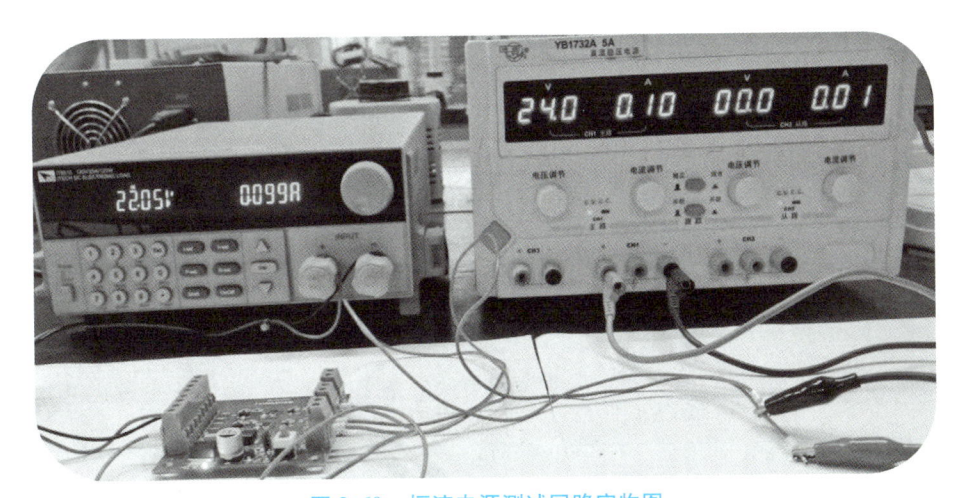

图 3.60 恒流电源测试回路实物图

④打开电子负载机电源,按下"I-SET"按钮进入恒流测试模式,设定恒定电流 100 mA。

⑤调节直流稳压电源输出电压 12~24 V,记录负载电压,填写表 3.7。

表 3.7 电源模块测试参数表

序号	测试项目	测量值	备注
1	输入电阻/Ω		
2	输出电阻/Ω		
3	输入电压 12 V,测输出电压/V		
4	输入电压 16 V,测输出电压/V		
5	输入电压 20 V,测输出电压/V		
6	输入电压 24 V,测输出电压/V		

3. 测试参数分析

根据测试结果,并将结果与设计要求进行对比,说明恒流电源模块性能指标是否达到要求。

测试恒流电源　　测试可调电流源

任务评价

任务评价表

序号	评价类型	赋分	评价指标	分值	得分 自评	得分 互评	得分 教师评
1	职业能力	60	线路连接正确	20			
			输入电源调节正确	10			
			测试参数完整	10			
			测试参数正确	20			
2	职业素养	20	敬业精神,遵守纪律	5			
			沟通协作,问题解决	5			
			操作规范性,安全意识	5			
			创新思维,方案优化	5			
3	劳动素养	10	任务按时完成,填写认真	3			
			工位整洁,工具归位	5			
			任务参与度,工作态度	2			
4	思政素养	10	思政素材学习情况	5			
			对"爱国、自信"的认识程度	5			
			总分				

课后拓展

思考与讨论

(1) LED 正常发光必须满足哪些条件？

(2) 简要描述 LED 发光过程。

小结

本项目主要介绍了照明系统的驱动电源设计，主要内容如下。

1. 恒压电源设计。

2. 恒流电源设计。

3. 可调电流电源设计。

习题

1. 填空题

(1) 电源按照驱动方式可以分为____电源和____电源两种。

(2) 恒压电源的输出电压____，电流改变。

(3) 恒流电源的输出电流是____，不会随负载的变化而变化。

(4) 恒流电源的输出电流是恒定的，输出电压随负载的变化而____。

(5) 开关电源可分为____式和____式两种。

(6) 三端集成稳压器 78L05 的输出电压是____V。

(7) 三端集成稳压器 AMS1117-3.3 的输出电压为____V。

2. 选择题

(1) 恒压电源的输出电压（　　），电流改变。

A. 保持恒定不变　　　B. 变化　　　　　　C. 不确定　　　　　D. 规律性变化

(2) 恒压电源的输出电压保持不变，电流（　　）。

A. 恒定不变　　　　　B. 变化　　　　　　C. 不确定　　　　　D. 恒定不变

(3) 恒流电源的输出电流是（　　），不会随负载的变化而变化。

A. 保持恒定不变　　　B. 变化　　　　　　C. 不确定　　　　　D. 与负载大小有关

(4) 恒流电源的输出电流是恒定的，输出电压随负载的变化而（　　）。

A. 保持恒定不变　　　B. 变化　　　　　　C. 不确定　　　　　D. 稳定

(5) 如果某电源上输出电压标的是固定值，输出电流标的是最大值，该电源是（　　）。

A. 交流电源　　　　　B. 直流电源　　　　C. 恒压电源　　　　D. 恒流电源

(6) 如果某电源上输出电压标的是范围，输出电流标的是固定值，该电源是（　　）。

A. 交流电源　　　　　B. 直流电源　　　　C. 恒压电源　　　　D. 恒流电源

(7) 下列标称值中，（　　）是恒流电源的标称值。

A. DC 12 V　　　B. $I = 300$ mA　　　C. $I_{MAX} = 0.5$ A　　　D. $I = 0 \sim 1$ A

3. 简答题

（1）简述恒压电源特点。

（2）简述恒流电源的特点。

（3）简述恒压电源的含义。

（4）简述恒流电源的含义。

（5）简述线性电源的组成。

（6）简述线性电源工作原理。

（7）降压式开关电源工作原理。

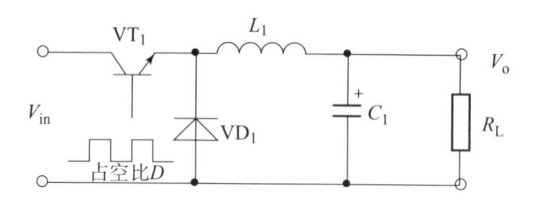

（8）升压式开关电源工作原理。

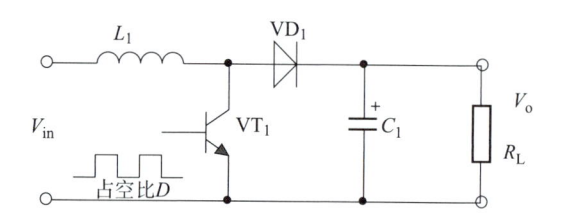

（9）简述三端集成稳压器工作原理。

（10）简要说明 ASM1117 电路中各元器件作用。

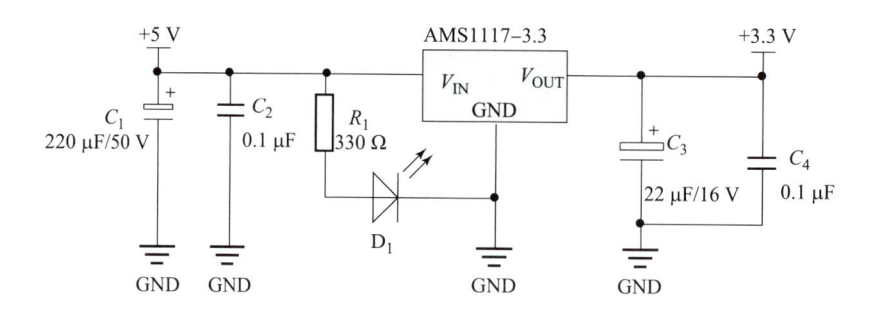

电路中各元器件作用：

①R_1　②C_3 和 C_4　③$C_2 = 0.1$ μF　④$C_1 = 220$ μF

项目 4

设计智能照明控制器

项目简介

电子控制器是一种重要的电子产品元件,在电子产品中有着广泛的应用。电子控制器是一个简化的计算机管理中心,以信号(数据)采集、计算处理、分析判断、决定对策作为输入,然后以发出控制指令、指挥执行器工作。控制器全部功能是通过各种硬件和软件共同完成的,其核心是以单片机为主体的微型计算机系统。本项目通过测光模块设计、测温模块设计、多路选择开关设计、控制模块硬件设计、控制模块软件设计以及照明控制器测试等任务的训练,让读者初步掌握控制器的特点和应用,初步掌握电子产品中控制器的设计和测试的方法与技能。

知识网络

设计智能照明控制器
- 测试测光模块
  - 光敏电阻
  - 信号处理
  - 测光模块工作原理
  - 测光模块测试
- 测试测温模块
  - 热敏电阻
  - 测温模块工作原理
  - 测温模块测试
- 测试多路选择开关
  - 单刀多掷开关
  - 多路选择开关设计
  - 多路选择开关测试
- 设计PWM信号发生器
  - 硬件设计
  - PWM程序设计
  - PWM信号发生器测试

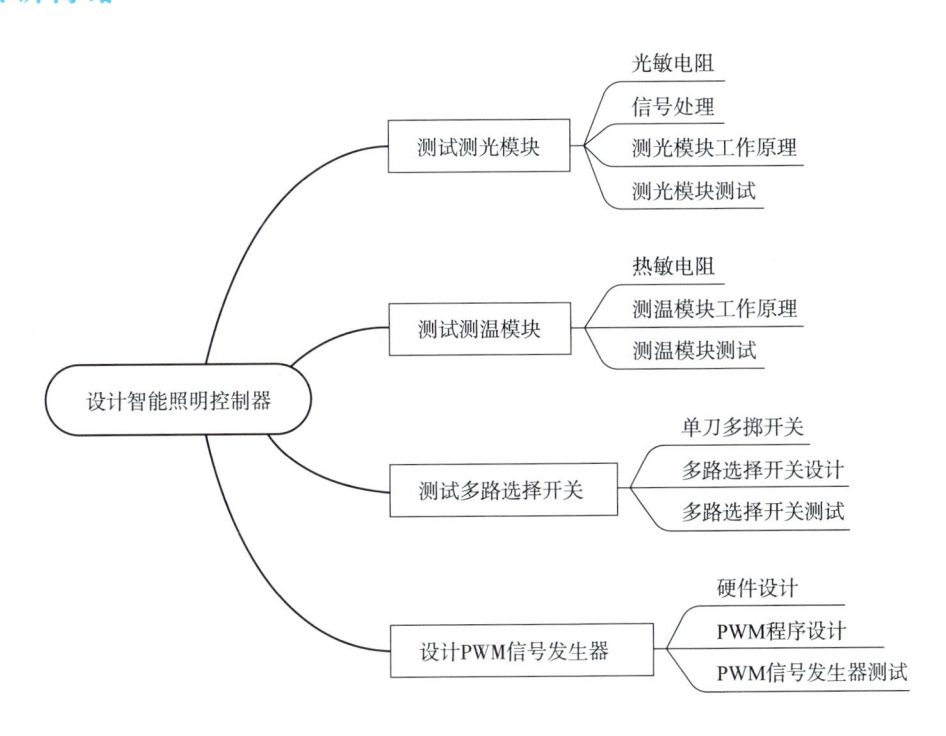

学习要求

1. 根据课程思政目标要求，实现智能照明控制器的不断优化，从而养成创新思维、追求卓越的工匠精神。

2. 在控制器开发过程中，需要根据真实电子产品的硬件电路设计、软件编程规范要求，实施项目设计，养成规范严谨的职业素养。

3. 通过"测试测光模块""测试测温模块""测试多路选择开关"和"设计PWM信号发生器"等任务实施，查找信息、阅读技术资料，以及资料选取与整合，培养信息获取和评价的基本信息素养。

4. 使用实训设备时，需要安全、规范操作设备，布线需要整洁美观，工位保持整洁，工具归位，培养基本职业素质。

5. 在任务实施过程中，小组成员要相互配合，有问题及时沟通解决，培养良好的合作精神。

任务 4.1　测试测光模块

学习目标

- ★ 了解测光传感器的特点和应用
- ★ 掌握光敏电阻的工作原理
- ★ 能根据测光模块开发方案确定电路结构
- ★ 能设计光照测试信号处理电路
- ★ 能使用 Altium Designer 软件进行电路原理图设计
- ★ 能对测光模块进行功能检测

素质拓展

- ★ 知识转化为职业能力

> 学习的目的全在于应用。学以致用、用以促学、学用相长，既是学习的本质要求，也是学习的内在规律。毛泽东说："读书是学习，使用也是学习，而且是更重要的学习。"知识对人能力素质的提高虽然有着不可否认的价值，但人的真正力量并不只是来自对知识的掌握，而是在学习知识的基础上，将知识转化成能力素质，并运用于实践之后，其价值才能充分发挥出来。
>
> "纸上得来终觉浅，绝知此事要躬行。"从认识论的角度讲，只有由认识到实践，再由实践到认识，由此往复以至无穷，才能实现知识与能力、理论与实践的有机结合。所谓学习转化力，指的就是将所学知识用于武装头脑、指导实践、推动工作的能力。

实训设备

（1）传感器板　　　　　　　　　1 块
（2）可调直流稳压电源　　　　　1 台
（3）数字万用表　　　　　　　　1 块
（4）计算机　　　　　　　　　　1 台
（5）Altium Designer 软件　　　 1 个

4.1.1　任务分析

测光模块主要是通过光敏电阻感应环境光强度，不同的光照度，光敏电阻阻值不同。利用信号处理电路，将不同电阻转换成对应的信号输出，为控制器调节光源照度提供依据，如图 4.1 所示。

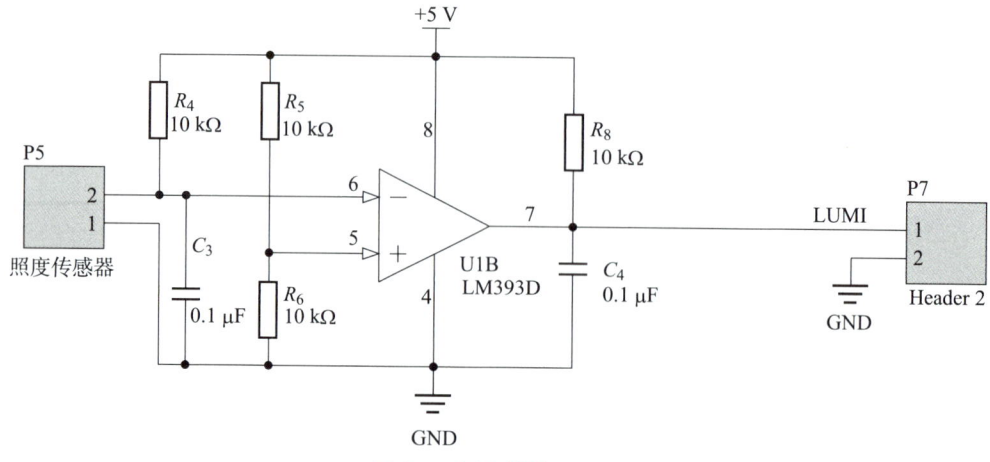

图 4.1 测光模块原理图

测光电路由光电传感器和信号处理电路构成，光电传感器使用光敏电阻 5616，其参数见表 4.1。信号处理电路是由 LM393 构成的电压比较器。通过光敏电阻阻值变化，改变比较器输出高电平或低电平。

表 4.1 光敏电阻的电阻值参数表

型号	亮电阻(10 lx)/kΩ	暗电阻/MΩ	光谱峰值/nm	最大电压/V	最大功耗/mW	环境温度/℃	响应时间/ms 上升	响应时间/ms 下降	照度电阻特性
5516	5~10	0.5	540	150	90	−30~+70	30	30	2
5517	10~20	1	540	150	100	−30~+70	20	20	3
5528	20~30	2	540	150	100	−30~+70	20	30	4
5537	30~50	3	540	150	100	−30~+70	20	30	4

4.1.2 相关知识

1. 光敏电阻

光敏电阻（photoresistor or light–dependent resistor）或光导管（photoconductor），是用硫化镉或硒化镉等半导体材料制成的特殊电阻器。

光敏电阻的工作原理是基于内光电效应。光照越强，阻值就越低，随着光照强度的升高，电阻值迅速降低，亮电阻值可小至 1 kΩ 以下。光敏电阻对光照十分敏感，无光照时，呈高阻状态，暗电阻一般可达 1.5 MΩ。光敏电阻的特殊性能，随着科技的发展，将得到极其广泛的应用。

光敏电阻器都制成薄片结构，以便吸收更多的光能。当受到光的照射时，半导体片（光敏层）内就激发出电子-空穴对，参与导电，使电路中的电流增强。为了获得高的灵敏度，光敏电阻的电极常采用梳状图案，其是在一定的掩膜下向光电导薄膜上镀金或铟等金属形成的。

光敏电阻器通常由光敏层、玻璃基片（或树脂防潮膜）和电极等组成。光敏电阻器在电路中用字母"R"或"R_L""R_G"表示。

光敏电阻分为环氧树脂封装和金属封装两款，同属于导线型（DIP型），环氧树脂封装光敏电阻按陶瓷基板直径，分为 $\phi3$ mm、$\phi4$ mm、$\phi5$ mm、$\phi7$ mm、$\phi11$ mm、$\phi12$ mm、$\phi20$ mm、$\phi25$ mm，图 4.2 所示是 $\phi5$ mm 光敏电阻实物。

光敏电阻的主要参数：

①光电流、亮电阻。光敏电阻器在一定的外加电压下，当有光照射时，流过的电流称为光电流，外加电压与光电流之比称为亮电阻，常用"100 lx"表示。

图 4.2　光敏电阻实物

②暗电流、暗电阻。光敏电阻在一定的外加电压下，当没有光照射的时候，流过的电流称为暗电流。外加电压与暗电流之比称为暗电阻，常用"0 lx"表示（用照度计测量光的强弱，其单位为拉克斯 lx）。

③灵敏度。灵敏度是指光敏电阻不受光照射时的电阻值（暗电阻）与受光照射时的电阻值（亮电阻）的相对变化值。

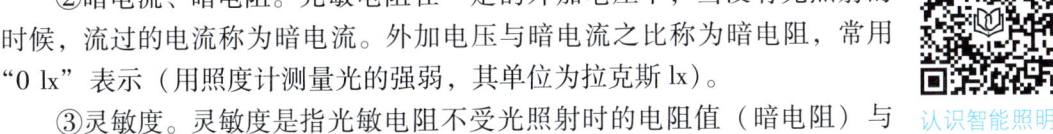

认识智能照明

④光谱响应。光谱响应又称光谱灵敏度，是指光敏电阻在不同波长的单色光照射下的灵敏度。若将不同波长下的灵敏度画成曲线，就可以得到光谱响应的曲线。

⑤光照特性。光照特性指光敏电阻输出的电信号随光照度而变化的特性。从光敏电阻的光照特性曲线可以看出，随着光照强度的增加，光敏电阻的阻值开始迅速下降。若进一步增大光照强度，则电阻值变化减小，然后逐渐趋向平缓。在大多数情况下，该特性为非线性。

⑥伏安特性曲线。在一定照度下，加在光敏电阻两端的电压与电流之间的关系称为伏安特性。在给定偏压下，光照度较大，光电流也越大。在一定的光照度下，所加的电压越大，光电流越大，而且无饱和现象。但是电压不能无限地增大，因为任何光敏电阻都受额定功率、最高工作电压和额定电流的限制。超过最高工作电压和最大额定电流，可能导致光敏电阻永久性损坏。

⑦温度系数。光敏电阻的光电效应受温度影响较大，部分光敏电阻在低温下的光电灵敏较高，而在高温下的灵敏度则较低。

⑧额定功率。额定功率是指光敏电阻用于某种线路中所允许消耗的功率，当温度升高时，其消耗的功率就降低。

⑨频率特性，当光敏电阻受到脉冲光照射时，光电流要经过一段时间才能达到稳定值，而在停止光照后，光电流也不立刻为零，这就是光敏电阻的时延特性。由于不同材料的光敏，电阻时延特性不同，所以频率特性也不同。硫化铅的使用频率比硫化镉高得多，但多数光敏电阻的时延都比较大，其不能用在要求快速响应的场合。

2. 比较器 LM393

LM393 是由两个独立、精确的电压比较器组成的，其失调电压不超过 2.0 mV。可在单电源下或双电源下工作。并且其电流大小不受电源电压幅度大小影响。这些比较器有一个独特的性能，就是即使在单电源下工作，其输入共模电压范围也能达到零电平。其主要用于消费类和工业类电子产品中。LM393 芯片的封装如图 4.3 所示，引脚分布如图 4.4 所示，引脚功能见表 4.2。

图 4.3　封装图

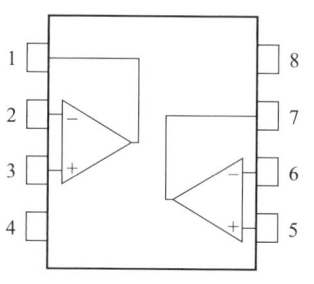

图 4.4　引脚分布图

表 4.2　引脚功能表

引脚号	符号	功能	引脚号	符号	功能
1	OUT1	比较器 1 输出	5	OUT2	比较器 2 输出
2	IN1 −	比较器 1 反相输入	6	IN2 −	比较器 2 反相输入
3	IN1 +	比较器 1 同相输入	7	IN2 +	比较器 2 同相输入
4	GND	地	8	GND	地

主要特点：

①工作电源电压范围宽：单电源：2.0～36 V；双电源：1.0～18 V。

②电源电流小：0.8 mA，与电源电压无关。

③输入偏置电流低：25 nA。

④输入失调电流低：5.0 nA。

⑤输入失调电压低：5.0 mV。

⑥输入共模电压范围可达零电平。

⑦输入差分电压的范围与电源电压的范围一致。

⑧可与 TTL、DTL、ECL、MOS 和 CMOS 兼容。

应用电路如图 4.5～图 4.8 所示。

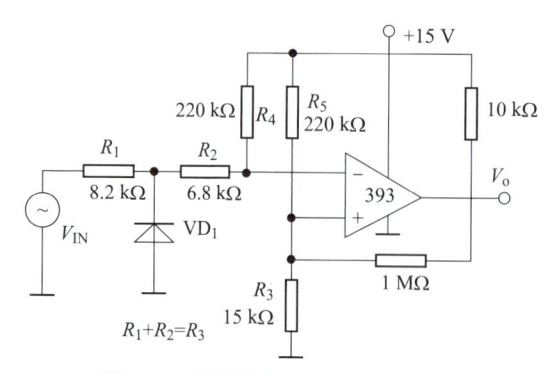

图 4.5　过零检波器（单电源应用）

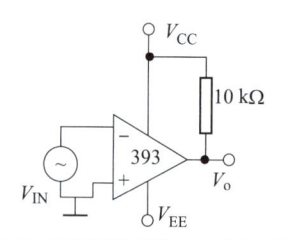

图 4.6　过零检波器（双电源应用）

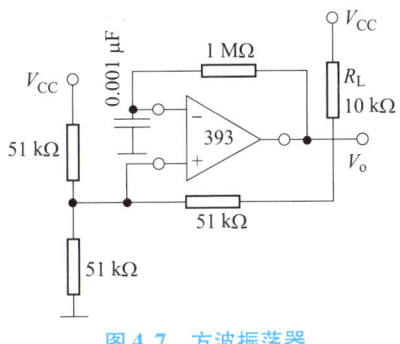

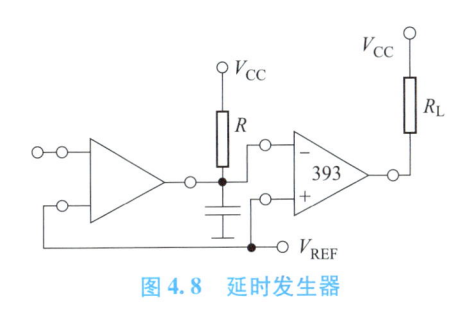

图 4.7　方波振荡器　　　　　　　　　图 4.8　延时发生器

3. 测光模块工作原理

测光电路由光电传感器和信号处理电路构成，光电传感器使用光敏电阻 5616。信号处理电路是由 LM393 构成的电压比较器。通过光敏电阻阻值变化，改变比较器输出高电平或低电平。

当环境光照度下降到设置值时，由于光敏电阻阻值上升，比较器 6 脚电压上升，比较器反相端电压高于同相端电压，输出低电平。

当环境光照度上升到设置值时，由于光敏电阻阻值减小，比较器 6 脚电压降低，比较器反相端电压低于同相端电压，输出高电平。

控制器通过对比较器输出端高低电平判断，可以得到环境光照度的信息，从而控制 LED 光源的打开与关闭。

4.1.3　任务实施

1. 注意事项

①直流稳压电源输出电压调整到 5 V。
②元器件焊接时，要防止错焊、漏焊、虚焊。
③负载机使用时，严格按照使用说明书操作，防止误操作，以免损坏设备和电源电路板。

2. 操作步骤

①对照原理图，检查测光模块电路板（图 4.9）上各元器件是否错焊、漏焊和虚焊。

图 4.9　电源模块实物图

②用万用表测量测光模块电源的正、负接线端子间电阻大小，阻值不能小于 1 kΩ。
③电路板上电，用数字万用表测量电源电压 DC 5 V 是否正常。
④测量比较器输出电压____ V。
⑤用不透明纸遮挡光敏电阻感光部分，测量比较器输出电压____ V。
⑥用手机上的手电筒照射光敏电阻，测量比较器输出电压____ V。

3. 测试结果分析

通过以上测试，不同测试条件下，LM393 比较器输出电压不同，结合测光电路工作原理，对测试结果进行分析。

测光模块

任务评价

任务评价表

序号	评价类型	赋分	评价指标	分值	得分（自评）	得分（互评）	得分（教师评）
1	职业能力	60	线路连接正确	20			
			输入电源调节正确	10			
			测试参数完整	10			
			测试参数正确	20			
2	职业素养	20	敬业精神，遵守纪律	5			
			沟通协作，问题解决	5			
			操作规范性，安全意识	5			
			创新思维，方案优化	5			
3	劳动素养	10	任务按时完成，填写认真	3			
			工位整洁，工具归位	5			
			任务参与度，工作态度	2			
4	思政素养	10	思政素材学习情况	5			
			对"学以致用"的认识程度	5			
			总分				

课后拓展

思考与讨论

查找资料，选择光电传感器，设计测光电路，实现不同光强值输出。

项目 4　设计智能照明控制器

任务 4.2　测试测温模块

学习目标

★ 了解测温传感器的特点和应用
★ 掌握热敏电阻的工作原理
★ 能根据测温模块开发方案确定电路结构
★ 能设计温度测试信号处理电路
★ 能使用 Altium Designer 软件进行电路原理图设计
★ 能对测温模块进行功能检测

素质拓展

★ 团队意识

> 100 多年前的一个下午，在英国一个乡村的田野里，一位贫苦的乡下人正在田里耕作，忽然听见河边传来救命的呼叫声。他奔向河边，从河里救起那位险些丧命的少年。
> 事后知道，那是位贵族的儿子。几天后贵族登门道谢，问乡下人有什么需要。乡下人觉得救人是天经地义的事，根本不需要什么报答。在贵族的坚持下，乡下人的儿子被带到了伦敦去读书。后来，这个乡下人的儿子从伦敦圣玛丽医学院毕业了——他就是青霉素的发明人，1945 年诺贝尔医学奖获得者亚历山大·弗莱明。
> 故事并没有到此结束，在第二次世界大战期间，那位帮助弗莱明完成学业的贵族的儿子，在伦敦患了严重的肺炎，正是用青霉素才治好了他的病，挽救了他的生命。这个人，就是当时英国的首相丘吉尔。
> 一个人，如果心里想的只有自己，那么，他的世界也会变得越来越小。只有把整个世界装在心中的人，才会真正拥有这个世界。

实训设备

（1）传感器板　　　　　　　　　1 块
（2）可调直流稳压电源　　　　　1 台
（3）数字万用表　　　　　　　　1 块

4.2.1　任务分析

测温模块主要是通过热敏电阻感应环境温度，温度不同，则热敏电阻阻值不同。利用信号处理电路，将不同电阻转换成对应的信号输出，为控制器调节光源色温提供依据，如图 4.10 所示。

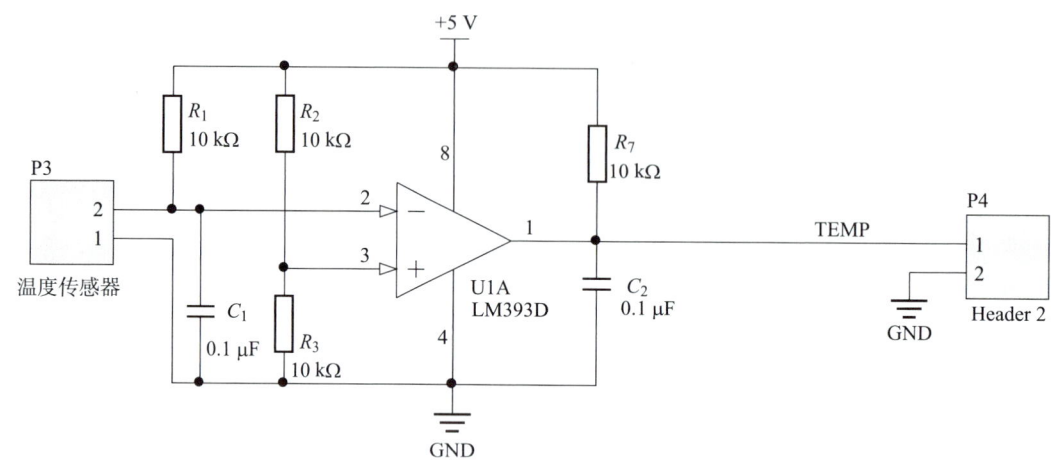

图 4.10　测温模块电路原理图

测温电路由温度传感器和信号处理电路构成，温度传感器使用热敏电阻 MF52-103，其参数见表 4.4。信号处理电路是由 LM393 构成的电压比较器。通过热敏电阻阻值变化，改变比较器输出高电平或低电平。

4.2.2　相关知识

1. 热敏电阻

热敏电阻器是敏感元件的一类，按照温度系数不同，分为正温度系数热敏电阻器（PTC）和负温度系数热敏电阻器（NTC）。热敏电阻器的典型特点是对温度敏感，不同的温度下表现出不同的电阻值。正温度系数热敏电阻器（PTC）当温度越高时，电阻值越大；负温度系数热敏电阻器（NTC）当温度越高时，电阻值越低。

主要特点：

①灵敏度较高，其电阻温度系数要比金属大 10~100 倍以上，能检测出 6~10 ℃ 的温度变化。

②工作温度范围宽，常温器件适用于 -55~315 ℃，高温器件适用温度高于 315 ℃（目前最高可达到 2 000 ℃），低温器件适用于 -273~-55 ℃。

③体积小，能够测量其他温度计无法测量的空隙、腔体及生物体内血管的温度。

④使用方便，电阻值可在 0.1~100 kΩ 间任意选择。

⑤易加工成复杂的形状，可大批量生产。

⑥稳定性好、过载能力强。

NTC（Negative Temperature Coefficient）是指随着温度上升，电阻呈指数关系减小、具有负温度系数的热敏电阻。利用锰、铜、硅、钴、铁、镍、锌等两种或两种以上金属氧化物进行充分混合、成型、烧结等工艺而成的半导体陶瓷，可制成具有负温度系数（NTC）的热敏电阻。其电阻率和材料常数随材料成分比例、烧结气氛、烧结温度和结构状态不同而变化。还出现了以碳化硅、硒化锡、氮化钽等为代表的非氧化物系 NTC 热敏电阻材料，典型热敏电阻实物如图 4.11 所示。

NTC 热敏半导瓷大多是尖晶石结构或其他结构的氧化物陶瓷，具有负的温度系数，电阻值可近似表示为：

$$R_t = R_T \cdot e^{B_n\left(\frac{1}{T}-\frac{1}{T_0}\right)}$$

式中，R_t、R_T 分别为温度 T、T_0 时的电阻值；B_n 为材料常数。陶瓷晶粒本身由于温度变化而使电阻率发生变化，这是由半导体特性决定的。

图 4.11 热敏电阻 MF52 - 103 实物

测温模块

主要缺点：
①阻值与温度的关系非线性严重。
②元件的一致性差，互换性差。
③元件易老化，稳定性较差。
④除特殊高温热敏电阻外，绝大多数热敏电阻仅适合 0 ~ 150 ℃范围，使用时必须注意。
NTC 热敏电阻
型号：MF52 - 103/3435 　　　±1%
B 值：3 435 　　　　　　　　±1%

（1）型号参数（表4.3）

表 4.3 型号参数表

MF	52	103	H	3435	F	A
NTC 热敏电阻	环氧系列	电阻值	阻值允差	B 值	B 值允差	B 值类别
		10 kΩ	±1%	3 435 K	±1%	$B_{25/50}$

（2）电气参数（表4.4）

表 4.4 电气参数表

序号	项目	符号	测试条件	最小值	正常值	最大值	单位
1	25 ℃的电阻值	R_{25}	$T_a = (25 \pm 0.05)$℃ $P_T \leq 0.1$ mW	9.9	10	10.1	kΩ
2	50 ℃的电阻值	R_{50}	$T_a = (50 \pm 0.05)$℃ $P_T \leq 0.1$ mW	—	4.065	—	kΩ
3	B 值	B_{25}/B_{50}		3 436	3 435	3 504	K
4	耗散系数	σ	$T_a = (25 \pm 0.5)$℃	2	—	—	mW/℃
5	时间常数	τ	$T_a = (25 \pm 0.5)$℃	—	—	15	s
6	绝缘电阻	—	DC 500 V	50	—	—	MΩ
7	使用温度范围	—		-55	—	125	℃

(3) 注意事项

将产品引线裁剪成所需要的长度,注意最小长度≥5 mm。

(4) B 值表（表4.5）

表4.5　MF52-103/3435 温度特性表

T/℃	R/kΩ	T/℃	R/kΩ	T/℃	R/kΩ	T/℃	R/kΩ	T/℃	R/kΩ
-40	190.556 2	-27	99.584 7	-14	53.176 6	-1	29.275 0		
-39	183.413 2	-26	94.660 8	-13	50.745 6	0	28.017 0		
-38	175.674 0	-25	90.032 6	-12	48.429 4	1	26.825 5		
-37	167.646 7	-24	85.677 8	-11	46.222 4	2	25.697 2		
-36	159.564 7	-23	81.574 7	-10	44.120 1	3	24.629 0		
-35	151.597 5	-22	77.703 1	-9	42.118 0	4	23.617 6		
-34	143.862 4	-21	74.044 2	-8	40.212 1	5	22.659 7		
-33	136.436 1	-20	70.581 1	-7	38.398 8	6	21.752 2		
-32	129.364 1	-19	67.298 7	-6	36.674 6	7	20.891 6		
-31	122.667 8	-18	64.183 4	-5	35.036 2	8	20.074 9		
-30	116.351 9	-17	61.223 3	-4	33.480 2	9	19.298 8		
-29	110.409 8	-16	58.408 0	-3	32.003 5	10	18.560 0		
-28	104.827 2	-15	55.728 4	-2	30.602 8	11	18.481 8		

T/℃	R/kΩ	T/℃	R/kΩ	T/℃	R/kΩ	T/℃	R/kΩ	T/℃	R/kΩ
12	18.148 9	25	10.000 0	38	6.141 8	51	3.927 1		
13	17.631 6	26	9.576 2	39	5.934 3	52	3.793 6		
14	16.991 7	27	9.183 5	40	5.734 0	53	3.663 9		
15	16.279 7	28	8.818 6	41	5.540 5	54	3.537 7		
16	15.535 0	29	8.478 4	42	5.353 4	55	3.414 6		
17	14.786 7	30	8.160 0	43	5.172 5	56	3.293 9		
18	14.055 1	31	7.860 8	44	4.997 6	57	3.175 2		
19	13.353 6	32	7.578 5	45	4.828 6	58	3.057 9		
20	12.690 0	33	7.310 9	46	4.665 2	59	2.941 4		
21	12.068 4	34	7.056 4	47	4.507 3	60	2.825 0		
22	11.490 0	35	6.813 3	48	4.354 8	61	2.776 2		
23	10.953 9	36	6.580 6	49	4.207 5	62	2.717 9		
24	10.458 2	37	6.357 0	50	4.065 0	63	2.652 3		

续表

$T/℃$	$R/kΩ$	$T/℃$	$R/kΩ$	$T/℃$	$R/kΩ$	$T/℃$	$R/kΩ$
64	2.581 7	77	1.719 7	90	1.236 0	103	0.834 6
65	2.507 6	78	1.672 7	91	1.203 7	104	0.809 9
66	2.431 9	79	1.628 2	92	1.171 4	105	0.787 0
67	2.355 7	80	1.586 0	93	1.139 0	106	0.766 5
68	2.280 3	81	1.545 8	94	1.106 7	107	0.748 5
69	2.206 5	82	1.507 5	95	1.074 4	108	0.733 4
70	2.135 0	83	1.470 7	96	1.042 2	109	0.721 4
71	2.066 1	84	1.435 2	97	1.010 4	110	0.713 0
72	2.000 4	85	1.400 6	98	0.978 9		
73	1.937 8	86	1.366 9	99	0.948 1		
74	1.878 5	87	1.333 7	100	0.918 0		
75	1.822 5	88	1.300 9	101	0.888 9		
76	1.769 6	89	1.268 4	102	0.861 0		

2. 测温模块工作原理

测温电路由温度传感器和信号处理电路构成，温度传感器是热敏电阻 MF52-103，信号处理电路是由 LM393 构成的电压比较器。通过热敏电阻阻值变化，改变比较器输出高电平或低电平。

当环境温度下降低于设置值（25 ℃）时，由于热敏电阻阻值上升，比较器 2 脚电压上升，比较器反相端电压高于同相端电压，输出低电平 0 V。

当环境温度上升超过设置值（25 ℃）时，由于热敏电阻阻值减少，比较器 2 脚电压降低，比较器反相端电压低于同相端电压，输出高电平 5 V。

控制器通过对比较器输出端高低电平进行判断，可以得到环境温度信息，从而控制 LED 光源的色温。

4.2.3 任务实施

1. 注意事项

①直流稳压电源输出电压调整到 5 V。
②元器件焊接时，要防止错焊、漏焊、虚焊。
③负载机使用时，严格按照使用说明书操作，防止误操作，以免损坏设备和电源电路板。

2. 操作步骤

①对照原理图，检查测光模块电路板（图 4.12）上各元器件是否错焊、漏焊和虚焊。
②用万用表测量测温模块电源的正、负接线端子间电阻大小，阻值不能小于 1 kΩ。

图 4.12 测温模块实物图

③电路板上电,用数字万用表测量电源电压 DC 5 V 是否正常。
④测量比较器输出电压____V。
⑤用手捏住热敏电阻,测量比较器输出电压____V。
⑥用冰冷的物体接触热敏电阻,测量比较器输出电压____V。

3. 测试结果分析

通过以上测试,不同测试条件下,LM393 比较器输出电压不同,结合测温电路工作原理,对测试结果进行分析。

任务评价

任务评价表

序号	评价类型	赋分	评价指标	分值	自评	互评	教师评
1	职业能力	60	线路连接正确	20			
			输入电源调节正确	10			
			测试参数完整	10			
			测试参数正确	20			
2	职业素养	20	敬业精神,遵守纪律	5			
			沟通协作,问题解决	5			
			操作规范性,安全意识	5			
			创新思维,方案优化	5			
3	劳动素养	10	任务按时完成,填写认真	3			
			工位整洁,工具归位	5			
			任务参与度,工作态度	2			

续表

序号	评价类型	赋分	评价指标	分值	得分 自评	得分 互评	得分 教师评
4	思政素养	10	思政素材学习情况	5			
			对"帮助别人就是帮助自己"的认识程度	5			
			总分				

课后拓展

思考与讨论

使用数字温度传感器 DS18B20 设计一款测温电路。

任务 4.3　设计多路选择开关

学习目标

- ★ 了解多路选择开关的特点和应用
- ★ 掌握多路选择开关的工作原理
- ★ 能根据多路选择开关开发方案确定电路结构
- ★ 能设计多路选择开关信号处理电路
- ★ 能使用 Altium Designer 软件进行电路原理图设计
- ★ 能对多路选择开关进行功能检测

素质拓展

- ★ 养成良好的职业习惯

在许多情况下,"问题"是大多数人逃避责任、回避努力的第一借口,但是,一个优秀的员工,应该奉行这样的理念:不找借口找办法,办法总比问题多!这是一个充满自信的理念,也是一个更具建设性、创造性的理念。

世上没有解决不了的问题,只有不会解决问题的人。任何问题只要被发现了,在认真分析清楚后,总能找到相应的解决办法。一个会解决问题的人,可以在纷繁复杂的环境中轻松自如地驾驭人生局面,凡事逢凶化吉,把不可能的事变为可能,最后实现自己的目标。

优秀的员工之所以优秀,就在于敢于勇敢地面对问题,不断超越自我,积极地寻找解决问题的方法,以"主动解决"的韧劲,全力以赴攻克难关。就像老鹰一样在高空盘旋,注视四面八方,高瞻远瞩,而不会像鸭子一样,整天除了嘎嘎地抱怨以外,什么都不做。要想在事业上有所发展,就必须能够做到像老鹰一样具有敏锐的洞察力、超凡的执行力和解决问题的能力。

朋友总比敌人多,欢乐总比烦恼多;办法总比问题多,希望总比失望多。只要自己不放弃,任何问题都是可以解决的。当你在工作中遇到问题时,请记住:办法总比问题多。

没有做不成的事,只有不动脑的人。

实训设备

（1）传感器板　　　　　　　　　　　　1 块
（2）可调直流稳压电源　　　　　　　　1 台
（3）数字万用表　　　　　　　　　　　1 块

4.3.1 任务分析

在电子产品中,通常要根据外部设备选择结果,确定系统运行功能。选择输入设备通常是使用多路选择开关实现,选择开关可采用机械旋钮,利用弹簧触点接触与分开实现电子线路的接通或者断开,由于该开关的转换位置和极数较多,可以同时完成比较多的电路转换工作,因而获得了较为广泛的应用。

本任务主要设计多路选择开关模块,根据系统需要设计 2 组多路选择开关,每组选择开关具有 3 个挡位。设计选择开关原理图,转动旋钮测试各挡连通状态。

4.3.2 相关知识

1. 单刀多掷开关

单刀多掷开关(图 4.13)是一个多路开关,由动端和不动端组成。动端就是所谓的刀,连接公共端,不动端分别连接不同的输出。单刀多掷开关可以转向不同的支路,常用在并联电路中。当开关旋转,使得动端与某个不动端接通时,实现多路开关选择。

图 4.13 多掷开关实物

按操作方式,可分为旋转式、拨动式及杠杆式,通常应用较多的是旋转式开关。多掷开关的各个触片都固定在绝缘基片上。绝缘基片通常由三种材料组成:高频瓷,主要适应于高频和超高频电路中,因为其高频损耗小,但价格高;环氧玻璃布胶板,适用于高频电路和一般电路,其价格适中,在普通收音机和收录机里应用较多;纸质胶板,其高频性能和绝缘性能都不及上面两种,但价格低廉,在普及型收音机、收录机和仪器中应用较多。

2. 选择开关电路设计

根据系统需要,选择两个单刀多掷开关,动端接地,不动端接模式选择通路。色温调节接口的动端接地,不动端分别定义为 3 000 K、4 500 K 和 6 000 K,如图 4.14 所示。亮度调节接口的动端接地,不动端分别定义为亮度的 100%、50% 和 10%,如图 4.15 所示。

图 4.14　色温开关电路　　　　　　　　　图 4.15　亮度开关电路

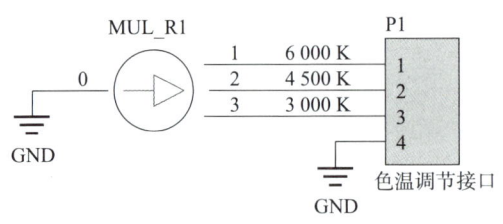

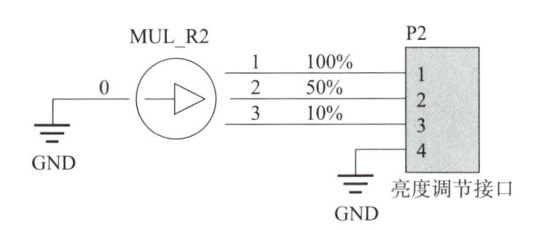

4.3.3　任务实施

1. 注意事项

①转动旋钮时，不要用力过度，防止损坏旋钮触点。
②旋钮帽要安装到位，定位要准确。
③测试线路导通情况，可以用"蜂鸣器"挡，也可用"电阻"挡。

2. 操作步骤

①对照原理图，检查测光模块电路板（图 4.16）上各元器件是否错焊、漏焊和虚焊。

多路选择开关设计

图 4.16　测温模块实物图

②旋转色温（工作模式）调节多路开关，用数字万用表分别测试"工作""休息"和"夜晚"与 GND 的连通情况，见表 4.6。

表 4.6　场景多路开关测量表

输出引脚	工作	休息	晚上
与地（GND）的连通情况			

③旋转亮度调节多路开关，用数字万用表分别测试"100%""50%"和"10%"与GND的连通情况，见表4.7。

表4.7 亮度多路开关测量表

输出引脚	100%	50%	10%
与地（GND）的连通情况			

3. 测试结果分析

通过以上测试，确保对应连通的引脚能与GND良好接通，同时，不能由两个输出同时与GND连通。

任务评价

任务评价表

序号	评价类型	赋分	评价指标	分值	得分 自评	得分 互评	得分 教师评
1	职业能力	60	线路连接正确	20			
			输入电源调节正确	10			
			测试参数完整	10			
			测试参数正确	20			
2	职业素养	20	敬业精神，遵守纪律	5			
			沟通协作，问题解决	5			
			操作规范性，安全意识	5			
			创新思维，方案优化	5			
3	劳动素养	10	任务按时完成，填写认真	3			
			工位整洁，工具归位	5			
			任务参与度，工作态度	2			
4	思政素养	10	思政素材学习情况	5			
			对"方法总比问题多"的认识程度	5			
			总分				

课后拓展

思考与讨论

使用4位拨码开关（图4.17），设计电路，实现4选1选择开关功能。

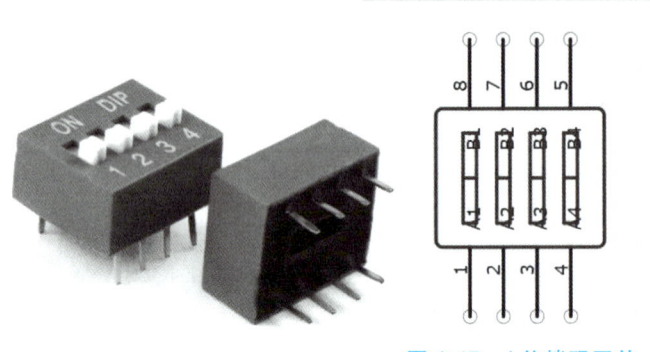

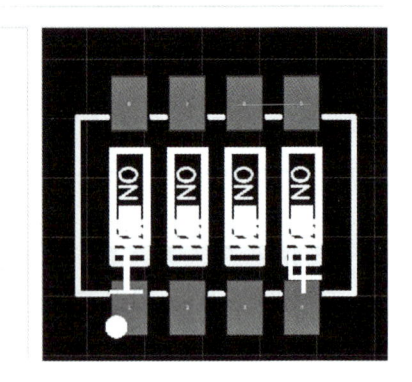

图 4.17 4 位拨码开关

任务 4.4　设计 PWM 信号发生器

学习目标

★ 了解单片机的特点和应用
★ 掌握基于单片机的 PWM 信号发生器的工作原理
★ 能利用单片机定时器模块产生 PWM 信号
★ 能设计单片机硬件电路
★ 能识读单片机应用系统原理图
★ 能编写单片机应用程序

素质拓展

★ 科技兴国

职场上，只有拥有终身学习的能力，才能让你拥有核心竞争力，在瞬息万变的职场中不被淘汰。
终身学习要放眼于未来，终身学习需要我们构建自己知识体系。
1. 终身学习，要放眼于未来。在终身学习上，我们也可以这样去思考：在未来十年，有什么知识是需要持续学习的？这样你可能会发现一些平时忽略的重要知识。
2. 面对碎片化学习，终身学习要构建自己的知识体系
当我们离开学校，步入职场时，我们的学习就成了碎片化学习。
①时间碎片化：我们不再像在学校里那样，有整天的时间学习，而是利用我们休息的时间、上下班公车上的时间，或者是午休的时间来学习的。
②学习内容碎片化：随着智能时代的不断发展，我们的学习方式已经不再局限于传统的图书，还可以从电子图书、视频等多个渠道来获取知识。
面对这样碎片化的学习，构建我们自己的知识体系，就显得至关重要。在碎片化的世界里，我们要掌握核心的知识和技能。

实训设备

（1）控制板　　　　　　　　　1 块
（2）可调直流稳压电源　　　　1 台
（3）数字万用表　　　　　　　1 块
（4）数字示波器　　　　　　　1 台
（5）Altium Designer 软件　　　1 个

4.4.1 任务分析

使用多路选择开关控制单片机输出不同占空比的 PWM 信号。按照设计要求，单片机的 I/O 上接 3 路输入开关信号，根据不同开关状态，调节输出不同占空比的 PWM 信号，PWM 信号的占空比分别为 0%、10%、50% 和 100%。

4.4.2 相关知识

1. 硬件设计

控制模块是智能照明系统的核心模块，功能强大，其主要是对外部输入信号进行处理，根据不同的输入，调节输出，实现智能控制。如图 4.18 所示。

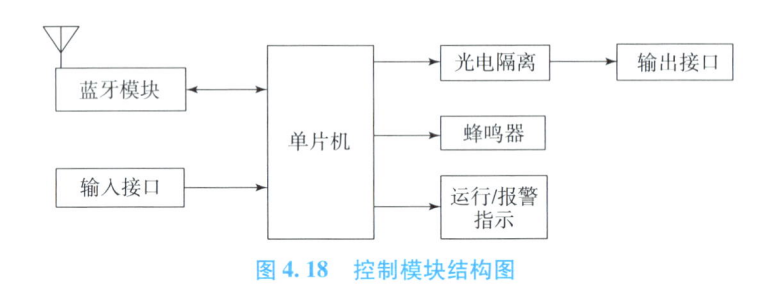

图 4.18 控制模块结构图

控制模块中的单片机采用 STC89C52RC、LQFP-44 封装，如图 4.19 和图 4.20 所示。

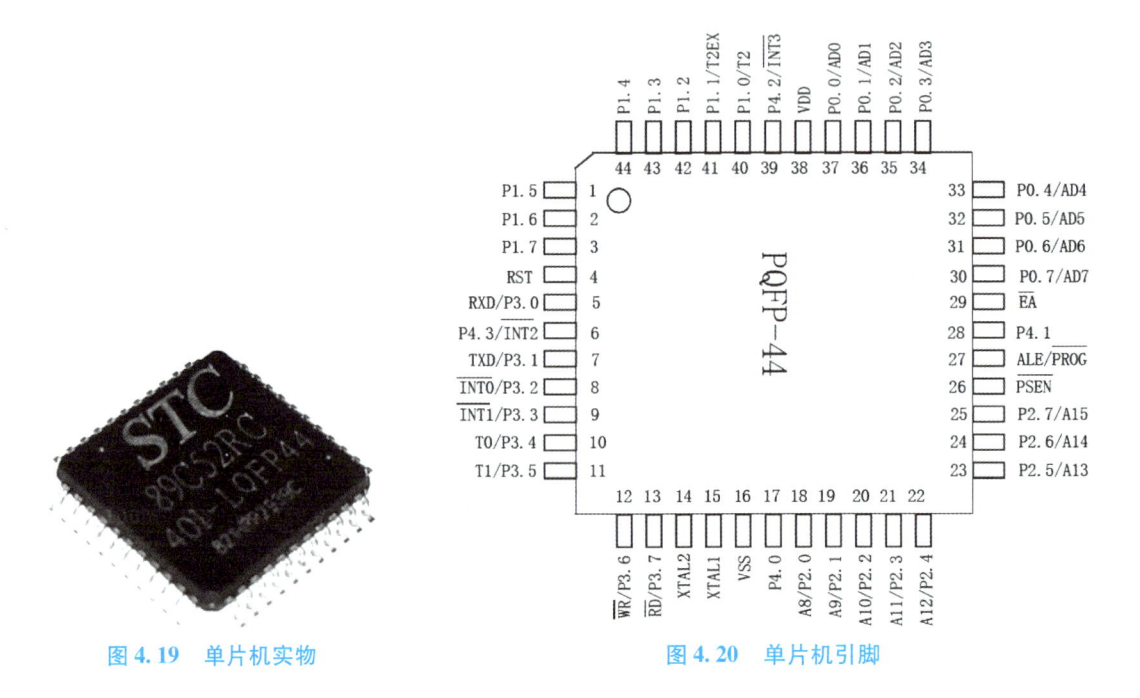

图 4.19 单片机实物

图 4.20 单片机引脚

（1）单片机接口设计

MCS-51 单片机具有 4 个并行 8 位 I/O 口（即 P0、P1、P2、P3），这 4 个 I/O 口均可用

作双向并行I/O接口。在单片机应用系统开发中，需要实现单片机对多种外设（如按键、显示器、传感器等）进行控制，I/O接口是单片机与外设交换数字信息的桥梁。

1）I/O接口功能。

状态信息交换。I/O接口电路应满足以下要求，实现和不同外设的速度匹配。大多数外设的速度很慢，无法和微秒量级的单片机速度相比。单片机只有在确认外设正常的情况下，才能进行操作。

输出数据锁存。由于单片机工作速度快，数据在数据总线上保留的时间十分短暂，无法满足慢速外设的数据接收要求。I/O电路应具有数据锁存器，以保证接收设备接收。

输入数据三态缓冲。输入设备向单片机输入数据时，数据总线上可能"挂"有多个数据源，为了不发生冲突，只允许当前时刻正在进行数据传送的数据源使用数据总线，其余的数据源应处于隔离状态。

2）I/O端口编址。

在进行单片机应用系统设计时，通常需要多种外设，而这些外设要想接入，就需要用自己的接口和总线上的某个匹配接口匹配对接，这种单片机与外部设备之间的I/O接口芯片就称为接口。

单片机在与外设进行通信时，要发数据到某个外设或从外设读取信息，其实就是从对应的接口电路中多个寄存器或缓冲器获取信息，这种具有端口地址的寄存器或缓冲器就称为端口，简称I/O口。对一个系统而言，通常会有多个外设，每个外设的接电路中又会有多个端口，如数据口、命令口、状态口。对于单片机而言，访问外部设备就是访问相关的端口，而所有的信息都会由接口转给外设。

对一个系统而言，通常会有多个外设，每个外设的接口电路中又会有多个端口，每个端口都需要一个地址，为每个端口标识一个具体的地址值，是系统必须解决的事，这就需要进行I/O端口的编址。

I/O端口编址分为两种方式，分别是独立编址与统一编址。

独立编址方式：I/O寄存器地址空间和存储器地址空间分开编址，但需一套专门的读写I/O的指令和控制信号。

统一编址方式：I/O寄存器与数据存储器单元同等对待，统一编址。不需要专门的I/O指令，直接使用访问数据存储器的指令进行I/O操作，简单、方便且功能强。

MCS-51单片机使用统一编址的方式，每一接口芯片中的一个功能寄存器（端口）的地址就相当于一个RAM单元。

3）I/O数据传送方式。

为实现和不同的外设的速度匹配，I/O接口必须根据不同外设选择恰当的I/O数据传送方式。

I/O数据传送的几种方式是同步传送、异步传送/查询传送和中断传送。

◆同步传送方式（无条件传送）

当外设速度和单片机速度接近时，常采用同步传送方式，最典型的同步传送就是单片机和外部数据存储器之间的数据传送。

◆查询传送方式/异步传送方式（条件传送）

查询外设"准备好"后，再进行数据传送。

优点：通用性好，硬件连线和查询程序十分简单。

缺点：效率不高。为了提高效率，通常采用中断传送方式。

◆中断传送方式

外设准备好后，发中断请求，单片机进入与外设数据传送的中断服务程序，进行数据传送。中断服务完成后，又返回主程序继续执行，工作效率高。

4）单片机接口设计。

在智能照明控制器设计中使用的单片机是STC89C52，单片机接口电路如图4.21所示。

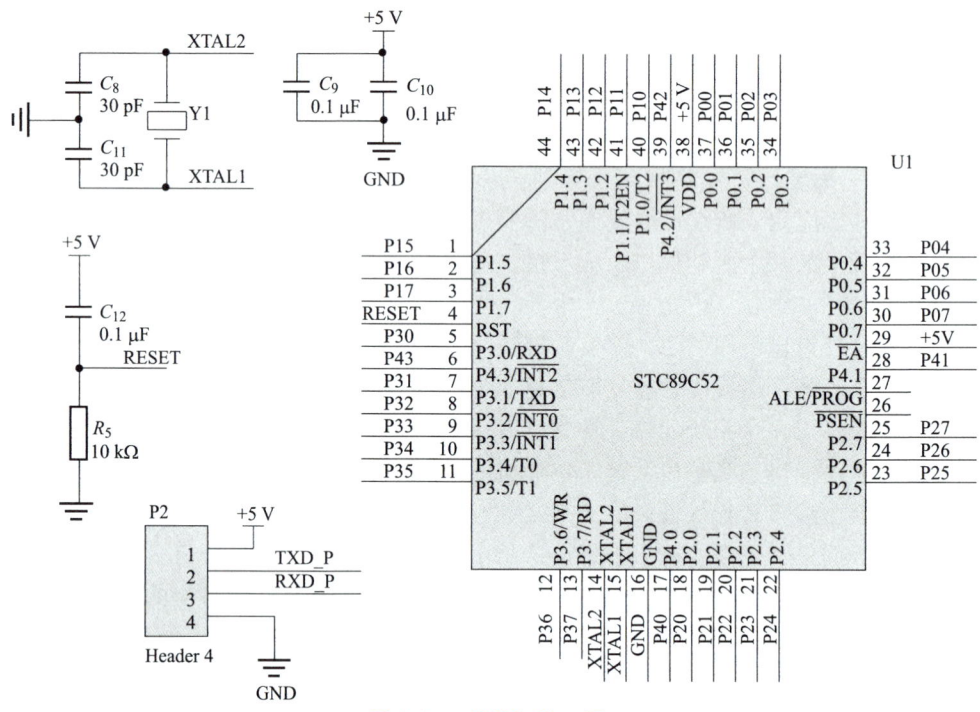

图4.21　单片机接口图

①运行/报警指示接口。

控制板上的运行/报警指示是通过LED3正极接上拉电阻到DC 5 V电源，LED3负极接到单片机的P4.0引脚，电路如图4.22所示。当P4.0输出低电平时，LED3发光；当P4.0输出高电平时，LED3不发光。

LED3工作电流：

$$I_{LED3} = \frac{(5-2.35)V}{1\ k\Omega} = 3.65\ mA$$

式中，2.35 V是绿色LED工作电压。

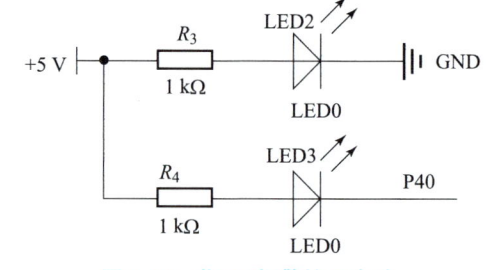

图4.22　指示/报警接口电路

在程序设计时，需要在REG51.H头文件中添加P4口定义：

```
sfr P4 = 0xe8;
```

②串行口设计。

STC89C52 单片机只有 1 个串行口。系统下载程序需要串行口，蓝牙无线通信也需要串行口。单片机串行口采取分时复用，使用拨动开关（图 4.23）实现，如图 4.24 所示。

图 4.23　拨动开关实物图

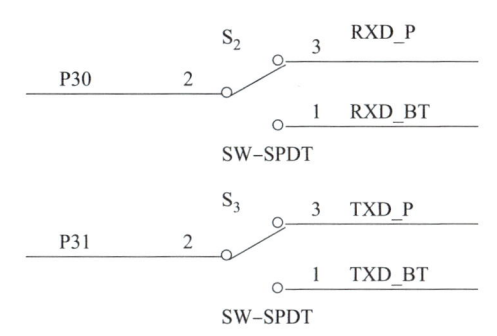

图 4.24　串行口复用接口电路

③自动/手动选择接口。

控制板要根据用户需要，可使用手动或者自动工作模式，单片机对 P3.2 引脚电平进行判断。当 P3.2 引脚为高电平时，执行自动模式；当 P3.2 引脚为低电平时，执行手动模式。如图 4.25 所示。

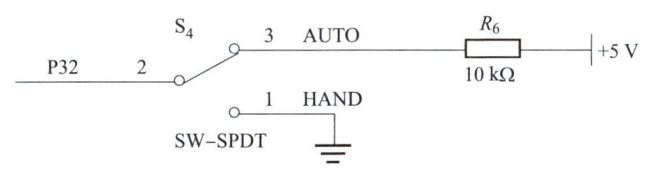

图 4.25　工作模式选择接口电路

④PWM 信号输出接口。

单片机的 PWM 信号由 P3.6 和 P3.7 引脚输出。PWM 信号要输出到电源板，用于控制光源。电源板和光源板输入电压都是 DC 24 V，为了防止干扰，保护单片机引脚，在单片机输出引脚和电源板之间增加光电隔离电路。光电隔离电路如图 4.26 所示。光电隔离电路实物如图 4.27 所示。

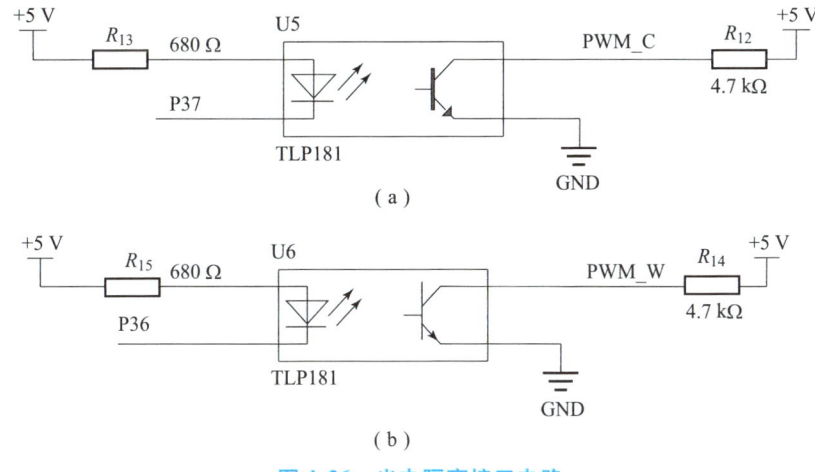

(a)

(b)

图 4.26　光电隔离接口电路

（a）冷光源信号隔离；（b）暖光源信号隔离

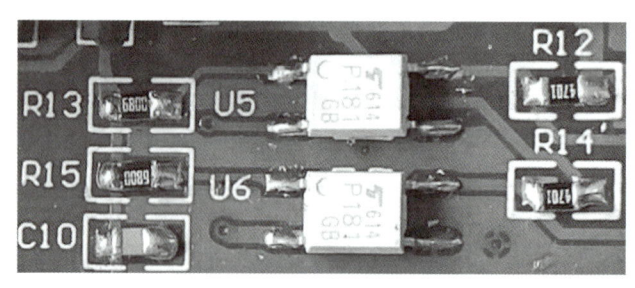

图 4.27 光电隔离电路实物

参数计算：

光耦中，发光二极管电流 $I_F = \dfrac{(5-1.2)\text{V}}{680\ \Omega} = 5\ \text{mA}$。

光耦中，光电晶体管电流 $I = 10\ \text{mA}$。

工作原理：当 P3.6 = 0 时，$I_{R15} = 10\ \text{mA}$，PWM_W 输出低电平，即 PWM_W = 0。

当 P3.6 = 1 时，由于单片机电源电压为 5 V，P3.6 引脚电压为 5 V，$I_{R15} = 0\ \text{mA}$，$I_{R14} = 0\ \text{mA}$，PWM_W 输出 5 V，高电平，即 PWM_W = 1。

（2）关键元器件

①光耦 TLP181。

TLP181 是一块小外形的贴片光电耦合器件（图 4.28），适合表面贴装生产。TLP181 是由一个砷化镓发光二极管和一个光电晶体管组成的光电耦合器（图 4.29、图 4.30），贴片的体积比 DIP 的小，适用于高密度表面贴装应用，如可编程控制器等。光耦 TLP181 参数如图 4.31、图 4.32 和表 4.8 所示。

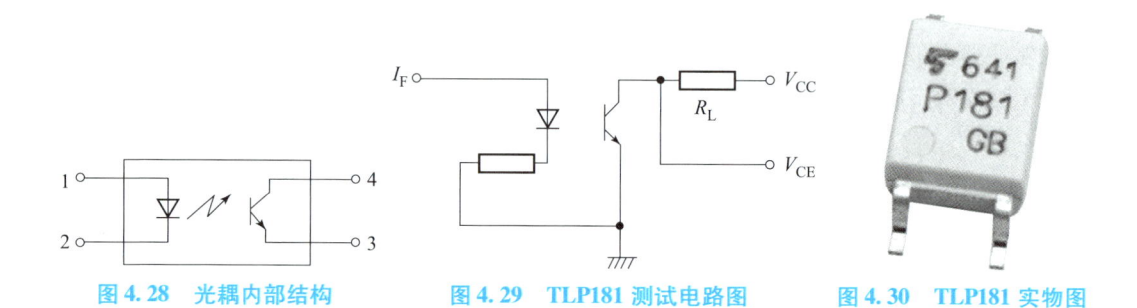

图 4.28　光耦内部结构　　图 4.29　TLP181 测试电路图　　图 4.30　TLP181 实物图

表 4.8　TLP181 测试参数表

参数	符号	最小值	典型值	最大值	单位
工作电压	V_{CC}	—	5	48	V
正向电流	I_F	—	16	20	mA
集电极电流	I_C	—	1	10	mA

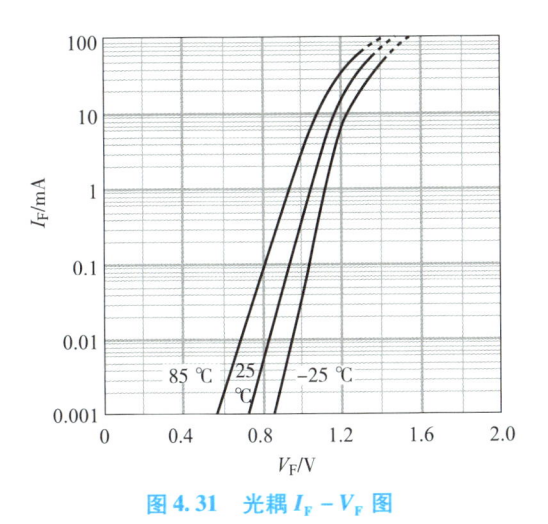

图 4.31　光耦 $I_F - V_F$ 图

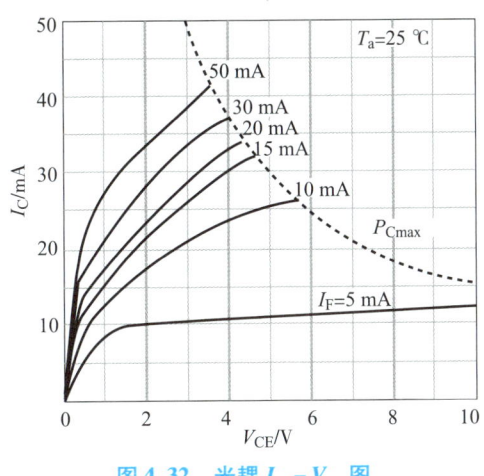

图 4.32　光耦 $I_C - V_{CE}$ 图

② 蓝牙模块。

蓝牙模块是一种集成蓝牙功能的 PCB 板，用于短距离无线通信。按功能，分为蓝牙数据模块和蓝牙语音模块。蓝牙模块是指集成蓝牙功能的芯片基本电路集合，用于无线网络通信，大致可分为三大类型：数据传输模块、蓝牙音频模块、蓝牙音频+数据二合一模块等，如图 4.33 所示。一般模块具有半成品的属性，是在芯片的基础上进行过加工，以使后续应用更为简单。

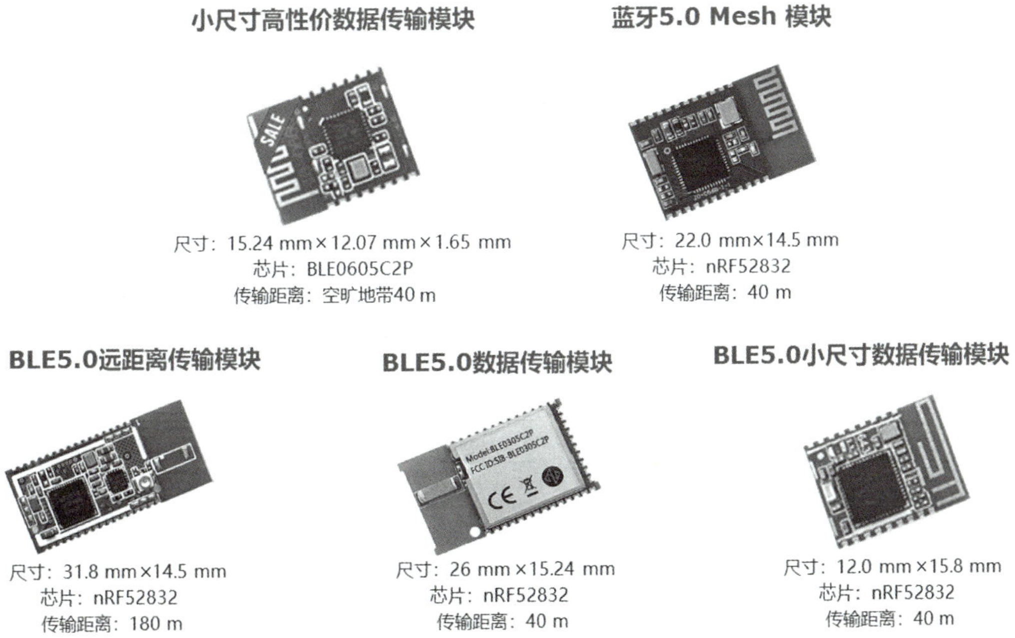

小尺寸高性价数据传输模块
尺寸：15.24 mm×12.07 mm×1.65 mm
芯片：BLE0605C2P
传输距离：空旷地带 40 m

蓝牙5.0 Mesh 模块
尺寸：22.0 mm×14.5 mm
芯片：nRF52832
传输距离：40 m

BLE5.0 远距离传输模块
尺寸：31.8 mm×14.5 mm
芯片：nRF52832
传输距离：180 m

BLE5.0 数据传输模块
尺寸：26 mm×15.24 mm
芯片：nRF52832
传输距离：40 m

BLE5.0 小尺寸数据传输模块
尺寸：12.0 mm×15.8 mm
芯片：nRF52832
传输距离：40 m

图 4.33　蓝牙模块

作为取代数据电缆的短距离无线通信技术，蓝牙支持点对点以及点对多点的通信，以无线方式将家庭或办公室中的各种数据和语音设备连成一个微微网，几个微微网还可以进一步实现互联，形成一个分布式网络，从而在这些连接设备之间实现快捷而方便的通信。

◆ 蓝牙模块分类

蓝牙模块按照标准分，有 1.2、2.0、2.1、4.0 以及最新的 4.1、5.0、5.1。

蓝牙模块按照用途来分，有数据蓝牙模块和语音蓝牙模块。前者完成无线数据传输，后者完成语音和立体声音频的无线数据传输。

蓝牙模块按照芯片设计来分，有 Flash 版本和 ROM 版本。前者一般是 BGA 封装，外置 Flash；后者一般是 QFN 封装，外接 EEPROM。

蓝牙模块根据芯片厂商分，有 BroadCom 蓝牙模块、Dell 蓝牙模块、CSR 蓝牙模块。

蓝牙模块根据用途分，有数据蓝牙模块、串口蓝牙模块、语音蓝牙模块、车载蓝牙模块。

蓝牙模块根据功率分，有 CLASS1、CLASS2、CLASS3。

蓝牙模块根据应用和支持协议划分，主要分为经典蓝牙模块（BT）和低功耗蓝牙模块（BLE）。

蓝牙模块根据协议的支持，分为单模蓝牙模块和双模蓝牙模块。

蓝牙模块根据应用，分为蓝牙数据模块和蓝牙音频模块。

蓝牙模块根据温度，分为工业级和商业级。

蓝牙模块的接口分为串行接口、USB 接口、数字 I/O 口、模拟 I/O 口、SPI 编程口及语音接口。

仅需要数据传输时，系统构架时，应尽量采用串行接口（TTL 电平），这样市场上的模块都可以支持，如确实需要 I/O 口，就要根据需要进行蓝牙软件的开发，时间成本和经济成本都比较高。

◆ 蓝牙模块组成

蓝牙模块一般是由芯片、PCB 板、外围器件构成。不同蓝牙模块由于作用及应用不同，模块的外引管脚都会不一样。

HC-05 蓝牙串口通信模块（图 4.34），是基于 Bluetooth Specification V2.0 带 EDR 蓝牙协议的数传模块。无线工作频段为 2.4 GHz ISM，调制方式是 GFSK。模块最大发射功率为 4 dBm，接收灵敏度为 -85 dBm，板载 PCB 天线，可以实现 10 m 距离通信。

图 4.34　HC-05 蓝牙模块图

模块采用邮票孔封装方式，模块大小为 27 mm×13 mm×2 mm，方便客户嵌入应用系统之内，自带 LED 灯，可直观判断蓝牙的连接状态。模块采用 CSR 的 BC417 芯片，支持 AT 指令，用户可根据需要更改角色（主、从模式）以及串口波特率、设备名称等参数，使用灵活。HC-05 参数见表 4.9。

表4.9 HC-05参数表

参数名称	参数值	参数名称	参数值
型号	HC-05	模块尺寸	27 mm×13 mm×2 mm
工作频段	2.4 GHz	空中速率	2 Mb/s
通信接口	UART 3.3 V TTL 电平	天线接口	内置PCB天线
工作电压	3.0~3.6 V	通信电流	40 mA
RSSI支持	不支持	接收灵敏度	-85 dBm@2 Mb/s
通信电平	3.3 V	工作湿度	10%~90%
发射功率	4 dBm（最大）	存储温度	-40~+85 ℃
参考距离	10 m	工作温度	-25~75 ℃

工作原理如图4.35所示。

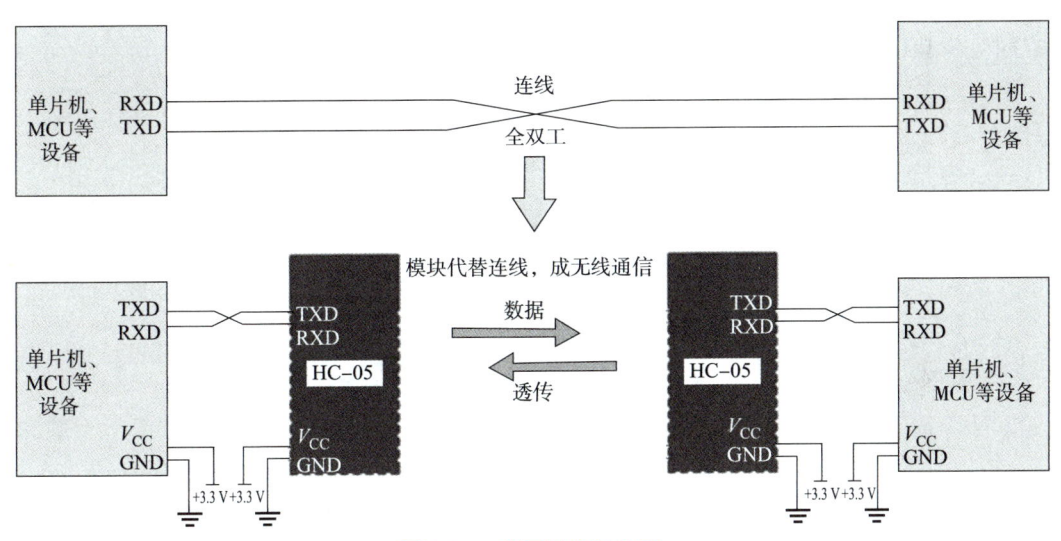

图4.35 蓝牙模块通信图

注：

如图4.35所示，HC-05模块用于代替全双工通信时的物理连线。左边的设备向模块发送串口数据，模块的RXD端口收到串口数据后，自动将数据以无线电波的方式发送到空中。右边的模块能自动接收到，并从TXD还原最初左边设备所发的串口数据。从右到左也是一样的。

①模块与供电系统为3.3 V的MCU连接时，串口交叉连接即可（模块的RX接MCU的TX、模块的TX接MCU的RX）。

②模块与供电系统为5 V的MCU连接时，可在模块的RX端串接一个220 Ω~1 kΩ电阻，再接MCU的TX，模块的TX直接接MCU的RX，无须串接电阻。（注：请先确认所使用的MCU把3.0 V或以上电压认定为高电平，否则，需加上3.3 V/5 V电平转换电路。）

③模块的电源为3.3 V，不能接5 V，5 V的电源必须通过LDO降压到3.3 V后再给模

块供电。

模块与手机的连接通信如图4.36所示。

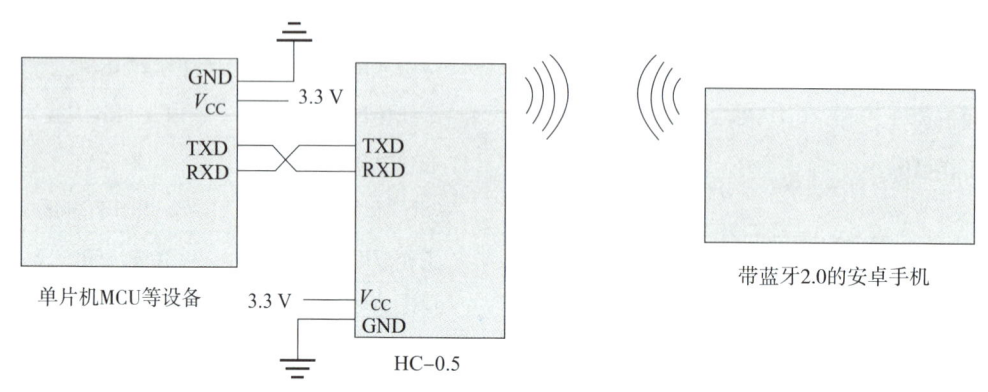

图4.36 蓝牙模块通信示意图

HC-05可以与安卓手机自带蓝牙连接，通信测试可以使用安卓串口助手软件，可在汇承官网www.hc01.com下载。

引脚定义如图4.37和表4.10所示。

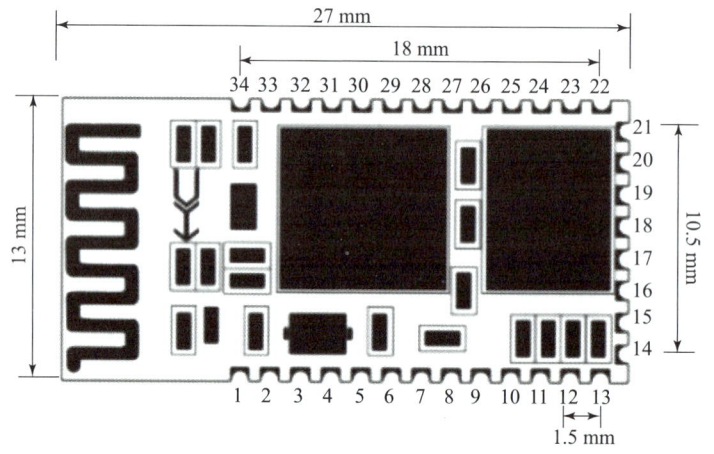

图4.37 蓝牙模块引脚图

表4.10 HC-05引脚功能表

引脚	定义	I/O方向	说明
1	TXD	输出	URAT输出口，3.3 V TTL电平
2	RXD	输入	URAT输入口，3.3 V TTL电平
3	CTS	悬空	暂不支持串口流控功能
4	RTS	悬空	暂不支持串口流控功能
5	PCM_CLK	悬空	空（NC）
6	PCM_OUT	悬空	空（NC）

续表

引脚	定义	I/O 方向	说明
7	PCM_IN	悬空	空（NC）
8	PCM_SYNC	悬空	空（NC）
9	AI00	悬空	空（NC）
10	AI01	悬空	空（NC）
11	RST	输入，上拉	模块复位脚，要求不小于 10 ms 的低电平进行复位
12	VCC	输入	电源脚，要求直流 3.3 V 电源，供电电流不小于 100 mA
13	GND		模块公共地
14	NC	悬空	NC
15	USB_D –	悬空	暂不支持 USB 功能
16	CSB	悬空	NC
17	MOSI	悬空	NC
18	MISO	悬空	NC
19	CLK	悬空	NC
20	USB_D +	悬空	暂不支持 USB 功能
21	GND	悬空或接地	模块公共地
22	CON	输入	板载 LED 灯控制脚
23	PI00	悬空	NC
24	PI01	悬空	NC
25	PI02	悬空	NC
26	PI03	悬空	NC
27	PI04	悬空	NC
28	PI05	悬空	NC
29	PI06	悬空	NC
30	PI07	悬空	NC
31	PI08	输出	模块状态指示灯输出脚[①]
32	PI09	输出	模块连接指示灯输出脚[②]
33	PI10	悬空	NC
34	PI11	输入，弱下拉	AT 指令设置脚，主机清除记忆[③]

续表

引脚	定义	I/O 方向	说明
注： ①模块状态指示灯输出脚，高电平输出，接 LED 时需串接电阻。 连线前，主机未记录从机地址时，快闪； 主机记录从机地址时，慢闪； 从机快闪。 连线后，LED 两闪一停。 先置高 KEY 脚再给模块上电，进入 AT 指令模式，波特率固定为 38 400 b/s。 LED 每 2 s 亮 1 s。 ②模块连接指示灯输出脚，高电平输出，接 LED 时需串接电阻。 连线前，灯脚恒低电平输出。（LED 灯灭） 连接后，灯脚恒高电平输出。（LED 灯常亮） ③输入脚，内部下拉。此脚接高电平，模块进入 AT 指令模式，主机用来清除已记录的从机地址。			

控制模块中，蓝牙模块与单片机接口如图 4.38 所示。

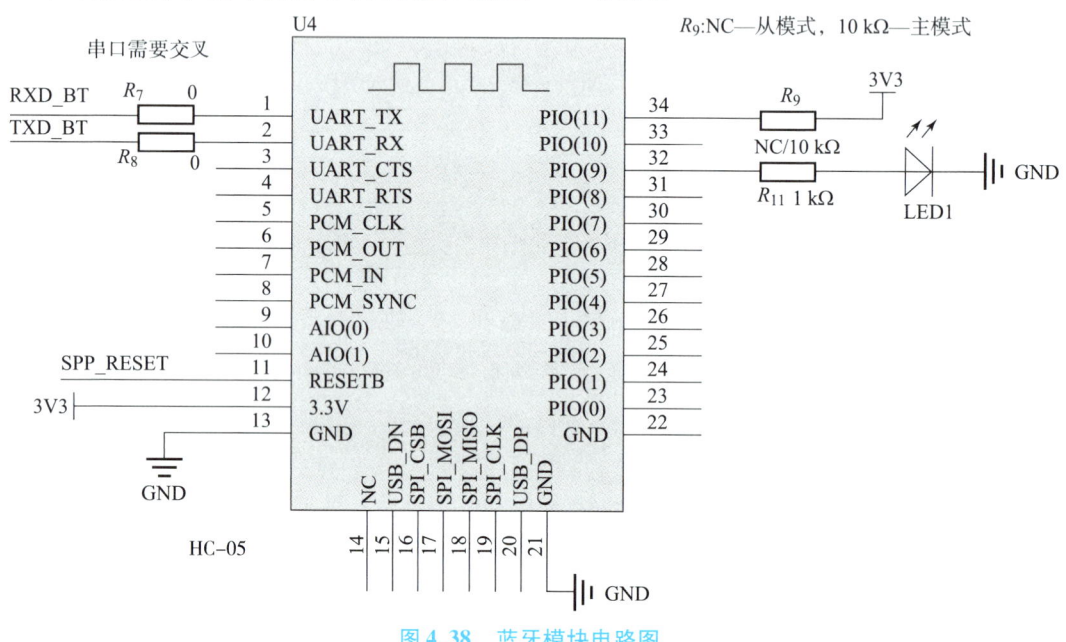

图 4.38 蓝牙模块电路图

2. PWM 程序设计

随着电子技术的发展，出现了多种脉冲宽度调制（Pulse Width Modulation，PWM）技术。脉冲宽度调制是一种模拟控制方式，根据相应载荷的变化来调制晶体管基极或 MOS 管栅极的偏置，以实现晶体管或 MOS 管导通时间的改变，从而实现开关稳压电源输出的改变。这种方式能使电源的输出电压在工作条件变化时保持恒定，是利用微处理器的数字信号对模拟电路进行控制的一种非常有效的技术。脉冲宽度调制是利用微处理器的数字输出来对模拟电路进行控制的一种非常有效的技术，广泛应用在从测量、通信到功率控制与变换的许多领域中。

脉宽调制（PWM）基本原理：控制方式就是对逆变电路开关器件的通断进行控制，使输出端得到一系列幅值相等的脉冲,用这些脉冲来代替正弦波或所需要的波形。也就是在输出波形的半个周期中产生多个脉冲,使各脉冲的等值电压为正弦波形,所获得的输出平滑且低次谐波少。按一定的规则对各脉冲的宽度进行调制,既可改变逆变电路输出电压的大小(图 4.39),也可改变输出频率。

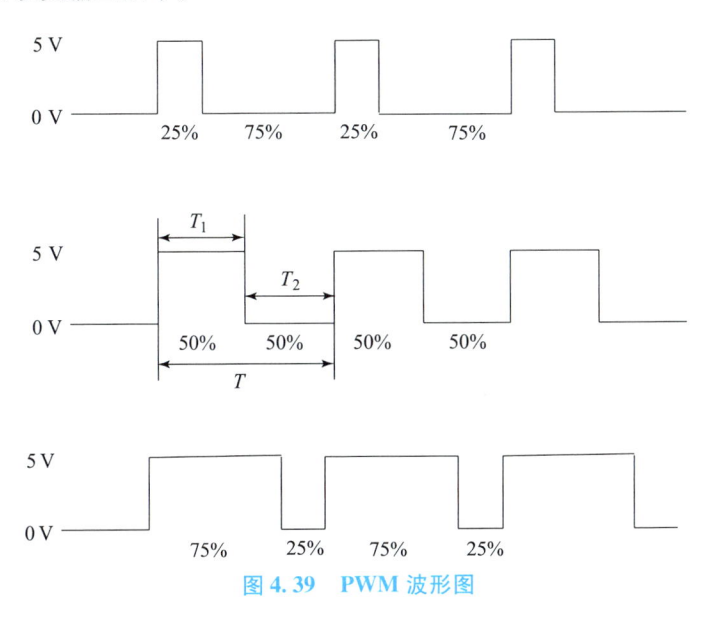

图 4.39 PWM 波形图

PWM 信号其实就是一系列电平组合,由于 89C52RC 单片机没有 PWM 模块,需要通过编写程序实现。使用 STC52RC 单片机实现 PWM 输出,需要用到内部定时器,可用 1 个定时器实现。编程思路是 T_0 定时器中断,使 I_0 口输出高电平,在定时器 T_0 的中断程序中,根据计数大小调节 I/O 口高低电平,从而实现占空比变化。程序流程图如图 4.40 所示。

对应流程图的中断函数如下:

```
void Timer0Interrupt() interrupt 1
    {
        TF0 = 0;
        TH0 = 0xff;
        TL0 = 0xf7;
        temp0 ++;
        if(temp0 >= 25)temp0 = 0;
        if(temp0 <= 8)
        {PWM = 1;}
            else
                {PWM = 0;}

    }
```

利用 Proteus 软件仿真,仿真输出波形如图 4.41 所示。

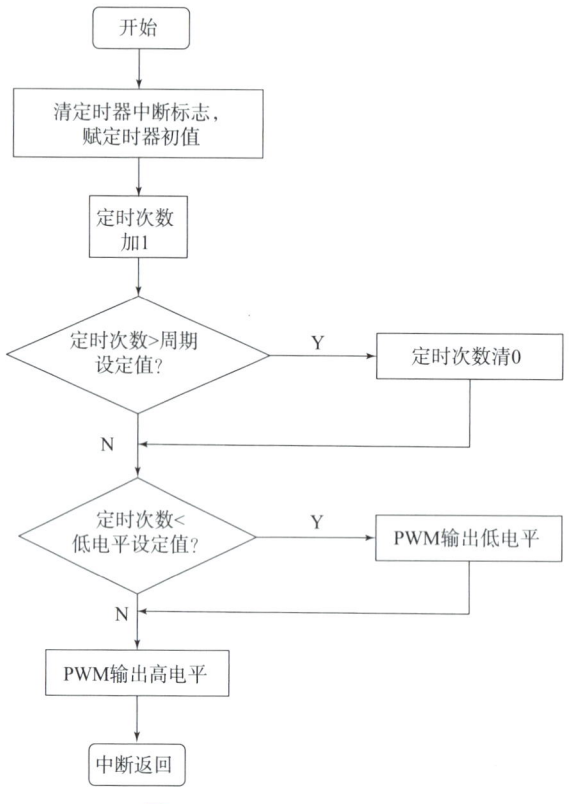

图 4.40　PWM 程序流程图

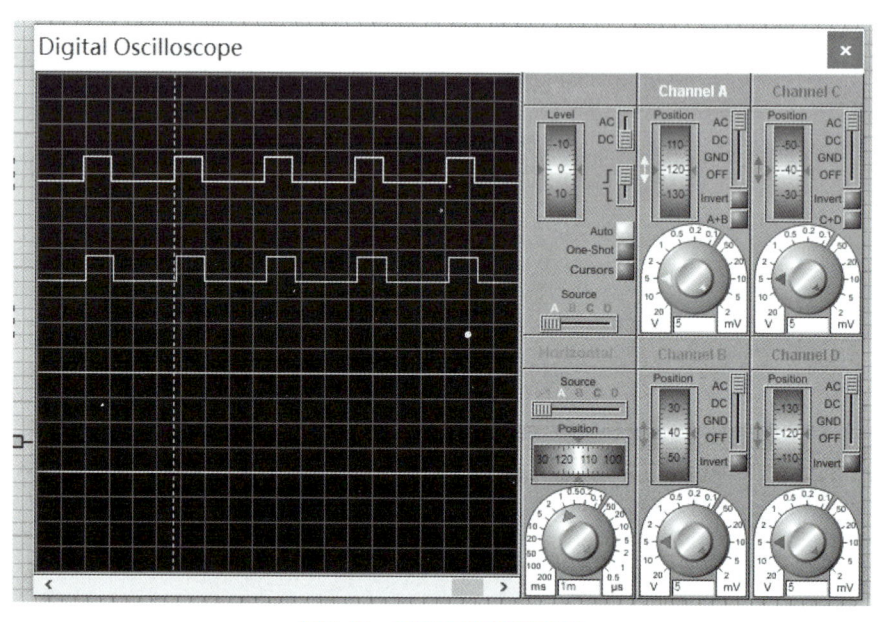

图 4.41　PWM 仿真波形图

4.4.3　任务实施

①根据流程图（图 4.42），在 Keil 集成开发环境中编写程序代码。

```c
1   #include<reg51.h>
2   #include<INTRINS.H>
3   #include<key.c>
4     sbit PWM_C=P3^6;
5     sbit LED=P4^0;
6     unsigned char FLAG_1S=0;
7     sbit SPEAKER=P1^0;
8     sbit OperateMode1=P3^2;
9     sbit Condition_Temp=P3^3;
10    sbit Condition_Lumi=P3^4;
11    sbit KEY_Lumi100=P1^4;
12    sbit KEY_Lumi50=P1^5;
13    sbit KEY_Lumi10 =P1^6;
14    #define   PWM_F   500      //PWM频率
15    unsigned int   PWM_C_HIGH=0, PWM_W_HIGH=0,temp1=0;
16    unsigned char Light_CCT_Num=0,Light_Lumi_Num=0;
17    unsigned char Time50ms_NUM=0;
18    unsigned char PWM_Duty_6000k=25,PWM_Duty_3000k=25;
19    unsigned char   Light_CCT_Last=0,Light_Lumi_Last=0;
20   void delay(unsigned int time);
21   void  PWM_Duty(unsigned char duty_6000K);
22   void  Light_Alter(void);
23   unsigned char KEY_Lumi_Scan(void);
24   //////////////////////////////////////////////////////////////////

25       void Timer1Interrupt() interrupt 3   using 2
26       { // EA=0;
27           TF1=0;
28           TR1=0;
29           TH1=(65536-46080)/256;
30           TL1=(65536-46080)%256;
31         if(++Time50ms_NUM>=20)
32           {Time50ms_NUM=0;
33            FLAG_1S=1;}
34            TR1=1;
35
36       }
37   ////////////////////////////////////     定时0.01MS
38    void Timer0Interrupt() interrupt 1
39     { // EA=0;
40        // TF0=0;
41        // TR0=0;
42         TH0=0xff;//(65536-10)/256;
43         TL0=0xf0;//(65536-10)%256;
44          temp1++;
45       if(temp1>=100) temp1=0;
46     }
47      void TimerInt()
48      {
49          TMOD = 0X01;
50          TL0=(65536-10)%256;
51          TH0=(65536-10)/256;
52          TR0=1;
53          EA=1;
54          ET0=1;
55      }
56
57      void delay(unsigned int time)
58        { while(time--)  ;
59           }
60    void  main()
61    {
62       TimerInt();
63       while(1)
64       {   Light_Alter( );
65           PWM_Duty(PWM_Duty_6000k)     ;
66           }
67    }
```

图 4.42 流程图

```
68  ///////////////////////////////////////////////////////////////////
69  void Light_Alter(void)
70  {      Light_Lumi_Num=KEY_Lumi_Scan();    //亮度按键
71         if( Light_Lumi_Last!= Light_Lumi_Num )
72         { Light_Lumi_Last= Light_Lumi_Num;
73              switch(Light_Lumi_Num)
74                    { case 100:
75                             PWM_Duty_6000k=100;
76                             break;
77                      case 50:
78                             PWM_Duty_6000k=50;
79                             break;
80                      case 10:
81                             PWM_Duty_6000k=10;
82                             break;
83                      default:
84                             PWM_Duty_6000k=0;
85                             break;
86                    }
87          }
88  }

107 ////////////////////////////////////////////////////////////////////
108     unsigned char KEY_Lumi_Scan(void)
109 {
110    static unsigned char key_lumi_up=1;//???????
111    unsigned char   return_num=0;
112    if(key_lumi_up&&((KEY_Lumi100==0)||(KEY_Lumi50==0)||(KEY_Lumi10==0)))
113    {
114        key_lumi_up=0;
115      if(KEY_Lumi100==0)
116        { return_num=100;
117            }
118         else if(KEY_Lumi50==0)
119            { return_num=50;
120              }
121            else if(KEY_Lumi10==0)
122               { return_num=10;
123                 }
124                key_lumi_up=1;
125        }
126      else {if(( KEY_Lumi100==1)&&(KEY_Lumi50==1)&&(KEY_Lumi10==1))
127             key_lumi_up=1;
128             return_num=0;// ?????
129            }
130       return(return_num)   ;
131     }
```

图 4.42 流程图（续）

设计控制程序

```c
//////////////////////////////////////////////////////////////////////
void  PWM_Duty(unsigned char duty_6000K)
{                switch(duty_6000K )
                 { case 0:    PWM_C=0;
                              break;
                   case 100:  PWM_C=1;
                              break;
                   default:
                        if(temp1<=duty_6000K)
                          { PWM_C=1; }
                        else
                          { PWM_C=0;
                          }
                        break;
                  }
}
```

图 4.42　流程图（续）

②连接控制模块与电脑，连接图如图 4.43 所示。

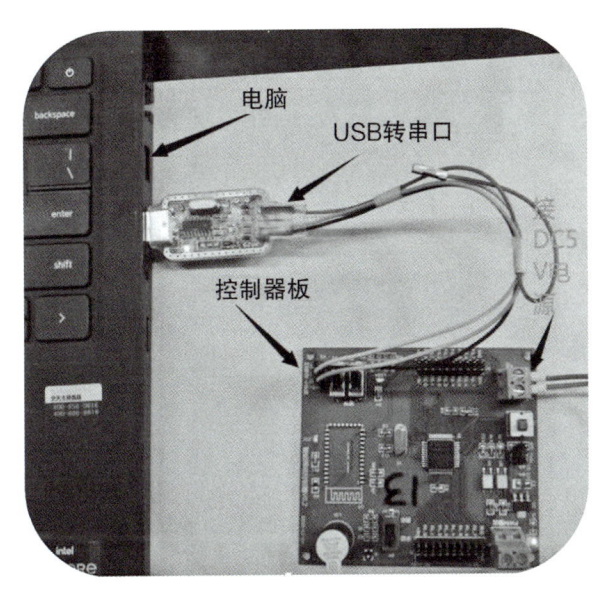

图 4.43　控制器下载程序连接图

③打开程序下载软件，将程序下载到单片机，如图 4.44 所示。

④连接传感器板与控制板，使用示波器测试波形，具体操作如图 4.45 所示。

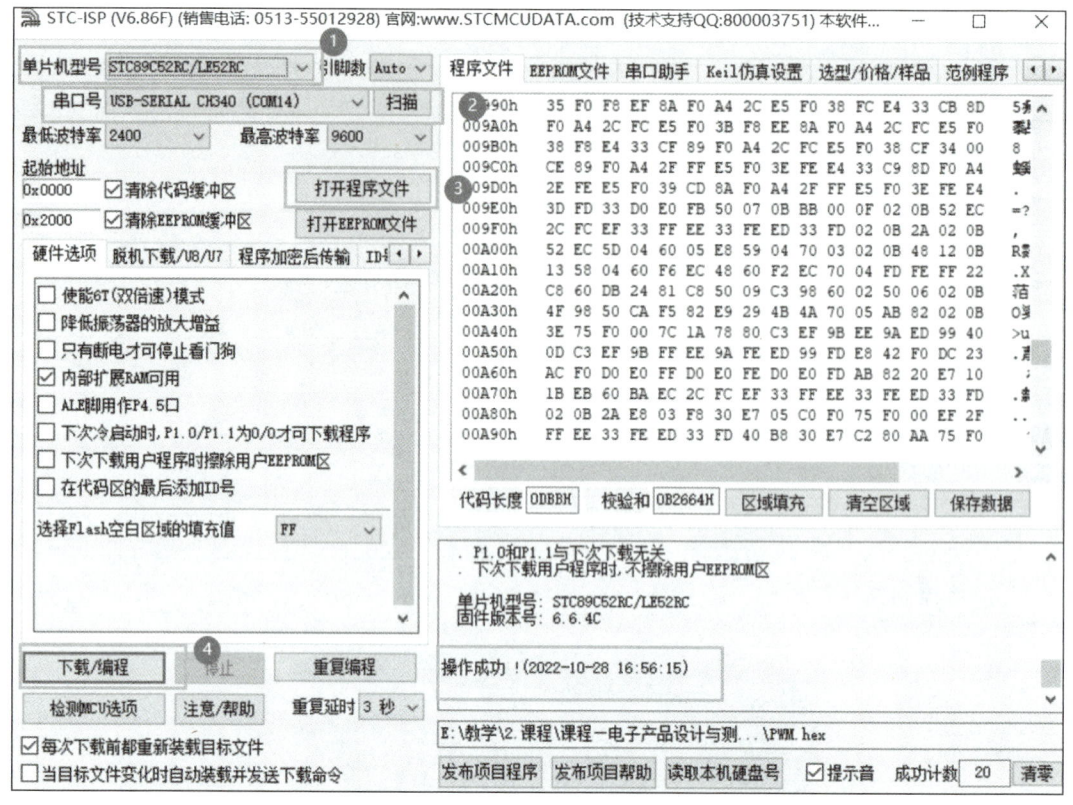

图 4.44 程序下载操作图

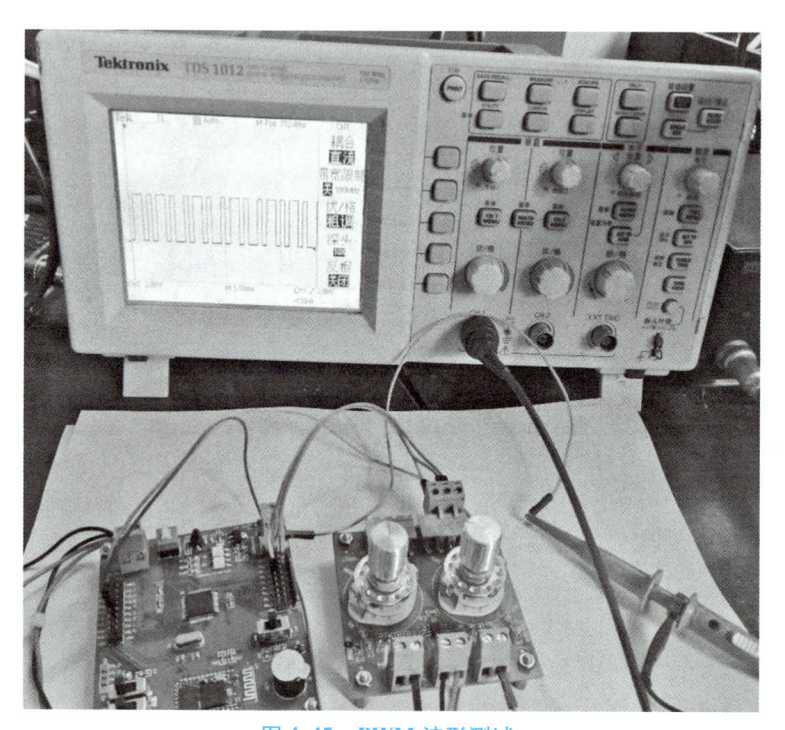

图 4.45 PWM 波形测试

任务评价

任务评价表

序号	评价类型	赋分	评价指标	分值	得分 自评	得分 互评	得分 教师评
1	职业能力	60	线路连接正确	20			
			输入电源调节正确	10			
			测试参数完整	10			
			测试参数正确	20			
2	职业素养	20	敬业精神，遵守纪律	5			
			沟通协作，问题解决	5			
			操作规范性，安全意识	5			
			创新思维，方案优化	5			
3	劳动素养	10	任务按时完成，填写认真	3			
			工位整洁，工具归位	5			
			任务参与度，工作态度	2			
4	思政素养	10	思政素材学习情况	5			
			对"终身学习，提升职业能力"的认识程度	5			
			总分				

课后拓展

思考与讨论

编写程序，实现可调占空比的 2 路 PWM 信号。

控制器测试

小结

本项目主要介绍了智能照明控制器的设计原理，主要包括如下内容：
1. 测光模块设计。
2. 测温模块设计。
3. 多路选择开关模块设计。
4. 控制模块设计。

习题

1. 填空题

（1）光敏电阻的特性是光照越强，阻值越____。

（2）光敏电阻对光照十分敏感，无光照时，呈____状态，暗电阻一般可达____ Ω 左右。

（3）热敏电阻能够感应环境____。

（4）不同的温度，热敏电阻____不同。

（5）热敏电阻器按照温度系数不同，分为____温度系数热敏电阻器和____温度系数热敏电阻器。

（6）PTC 是____温度系数热敏电阻器。

（7）NTC 是____温度系数热敏电阻器。

（8）MCS-51 单片机具有____个并行____位 I/O 口。

（9）单片机 I/O 数据传送的方式有____传送、____传送和____传送。

（10）单片机 I/O 端口编址分为两种方式，分别是____编址与____编址。

（11）如下图，当绿光 LED 指示灯点亮时，单片机 P4.0 引脚输入电流是____ mA。

（12）STC89C52 单片机只有____个串行口。

（13）热敏电阻 MF52-103 在常温 25 ℃时，其阻值是____ kΩ。

（14）如下图所示，当 LED 指示灯点亮时，单片机 P4.0 引脚是____电平。

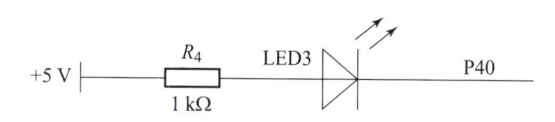

（15）如下图所示，当 LED 指示灯熄灭时，单片机 P4.0 引脚是____电平。

（16）如下图所示，电阻 R_4 的作用是____。

（17）为防止单片机 PWM 信号输出引脚损坏，通常在输出引脚与外设之间使用____电路。

(18) PWM 是_____技术。

2. 选择题

(1) LM393 是由两个独立、精确的（　　）组成的。
A. 电压比较器　　　B. 触发器　　　C. 计数器　　　D. 放大器

(2) PTC 是（　　）电阻。
A. 负温度系数　　　B. 正温度系数　　　C. 普通电阻　　　D. 光敏电阻

(3) NTC 是（　　）电阻。
A. 负温度系数　　　B. 正温度系数　　　C. 普通电阻　　　D. 光敏电阻

(4) PTC 的电阻特性是温度升高，阻值（　　）。
A. 不变　　　B. 减少　　　C. 增加　　　D. 不一定

(5) NTC 的电阻特性是温度升高，阻值（　　）。
A. 不变　　　B. 减少　　　C. 增加　　　D. 不一定

(6) NTC 电阻 MF52 - 103/3435 在常温（25 ℃）下阻值为（　　）kΩ。
A. 1　　　B. 5　　　C. 6　　　D. 10

(7) 单刀多掷开关中的"刀"，通常连接在（　　）。
A. 不动端　　　B. 输出端　　　C. 输入端　　　D. 公共端

(8) 电子元器件 TLP181 是（　　）。
A. 温度传感器　　　B. 光敏传感器　　　C. 光耦　　　D. 多路开关

(9) PWM 是（　　）技术。
A. 传感器　　　B. 脉冲宽度调制　　　C. 信号处理　　　D. 信号转换

3. 判断题

(1) 查询传送方式传送数据效率高。　　　　　　　　　　　　　　　　（　　）
(2) 中断传送方式传送数据效率高。　　　　　　　　　　　　　　　　（　　）

4. 简答题

(1) 测光模块的功能。
(2) 光敏电阻的灵敏度。
(3) 光敏电阻的光照特性。
(4) 测光模块的工作原理。
(5) NTC 的含义。
(6) 测温模块的工作原理。
(7) 单刀多掷开关。
(8) 如图所示，简要说明光电隔离电路的工作原理。

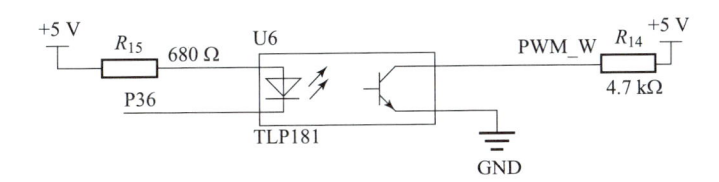

（9）简要说明光电隔离电路的作用。

（10）什么是蓝牙模块？

5. 计算题

如图 4.26（a）所示，光耦隔离电路中，发光二极管工作电压为 1.2 V，试计算单片机 P3.6 引脚输入电流。

项目 5

测试智能照明系统

项目简介

系统测试是对整个系统的测试，将硬件、软件和操作人员看作一个整体，测试系统是否有不符合功能要求的地方。这种测试可以发现系统分析和设计中的错误。本项目通过平台搭建和系统功能测试等任务的训练，让读者初步掌握电子产品系统的要求和规范，初步掌握电子产品系统测试的方法和技能。

知识网络

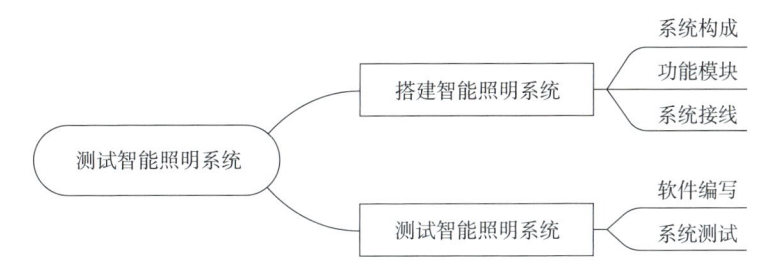

```
                            ┌── 系统构成
              ┌─ 搭建智能照明系统 ──┼── 功能模块
测试智能照明系统 ─┤                  └── 系统接线
              │                  ┌── 软件编写
              └─ 测试智能照明系统 ──┤
                                 └── 系统测试
```

学习要求

1. 根据课程思政目标要求，实现智能照明系统功能测调，从而养成创新思维、追求卓越的工匠精神。

2. 在电子产品开发过程中，需要对系统进行功能测试，并对部分参数和功能进行调试，养成规范严谨的职业素养。

3. 通过"搭建智能照明系统""测试智能照明系统"等任务实施，设计系统测试脚本，培养信息获取和评价的基本信息素养。

4. 使用实训设备时，需要安全、规范操作设备，布线需要整洁美观，工位保持整洁，工具归位，培养基本职业素质。

5. 在任务实施过程中，小组成员要相互配合，有问题及时沟通解决，培养良好的合作精神。

任务 5.1　搭建智能照明系统

学习目标

★ 了解智能照明的特点和应用
★ 识读智能硬件功能模块的电路原理图
★ 能识读智能硬件电路的调试要求
★ 能识读智能硬件的装配图及接线图表
★ 能熟练掌握不同元器件的安装工艺，完成智能硬件的装配
★ 能熟练操作复杂电子仪器设备来调试智能硬件电路

素质拓展

★ 多为客户考虑

"过去的联想以产品驱动，给用户设计产品。现在的联想以用户需求驱动，为用户设计产品。"联想产品集团总监，台式机研发中心负责人张建辉如是说。"给"和"为"一字之差带来的效果却是非常巨大的，联想不再思考怎么设计创新的功能，怎么把新技术集成到产品中，而是考虑用户需要哪些功能，新技术将怎样给用户带来使用的便利性。

实训设备

（1）直流稳压电源　　　　　　　　1 台
（2）智能控制板　　　　　　　　　1 块
（3）传感器和多路选择开关板　　　1 块
（4）电源板　　　　　　　　　　　1 台
（5）LED 光源板　　　　　　　　　1 台
（6）杜邦线　　　　　　　　　　　若干
（7）数字万用表　　　　　　　　　1 块

5.1.1　任务分析

智能照明系统能够实现灯光的调节、场景设置以及照明开关的控制，提高照明设备的效率，从而实现照明设备的智能化。

本任务根据智能照明系统功能要求，利用光源模块、传感器模块、电源模块和控制模块进行组建。主要完成单片机接口设定、连接线路、智能照明系统搭建。

5.1.2 相关知识

1. 智能照明系统

智能照明系统能够人性化地满足人们对家居照明的需求，智能照明系统可以调节灯光强弱，进行定时控制、场景设置等。眼睛长时间在强光下是不好的，调节灯光强弱首先可以保护眼睛，其次还可以满足人在不同时间、不同空间对灯光的需求。进行定时控制能够最大限度地节约能源，还能在一定程度上延长灯具使用寿命。总之，智能照明系统相比传统的照明来说有众多优势，以下是智能照明系统的功能与优势。

（1）主要功能

①灯光调节。

智能照明系统用于灯光照明控制时，能对电灯进行单个独立的开、关、调光等功能控制，也能对多个电灯的组合进行分组控制，方便用不同灯光编排组合形式营造出特定的气氛。

②智能调光。

随意进行个性化的灯光设置；电灯开启时光线由暗逐渐到亮，关闭时由亮逐渐到暗，直至关闭，有利于保护眼睛，又可以避免瞬间电流的偏高对灯具所造成的冲击，能有效地延长灯具的使用寿命。

③延时控制。

在外出的时候，只需要按一下"延时"键，在出门后 30 s，所有的灯具和电器都会自动关闭。

④控制自如。

可以随意遥控开关屋内任何一个路灯；可以分区域全开、全关与管理每路灯；可手动或遥控实现灯光的随意调光，还可以实现灯光的远程电话控制开关功能。

⑤全开全关。

整个照明系统的灯可以实现一键全开和一键全关的功能。

（2）主要优点

①实现照明的人性化。

由于不同的区域对照明质量的要求不同，要求调整控制照度，以实现场景控制、定时控制、多点控制等各种控制方案。方案修改与变更的灵活性能进一步保证照明质量。

②提高管理水平。

将传统的开关控制照明灯具的通断，转变成智能化的管理，使高素质的管理意识用于系统，以确保照明的质量。

③节约能源。

利用智能传感器感应室外亮度来自动调节灯光，以保持室内恒定照度，既能使室内有最佳照明环境，又能达到节能的效果。根据各区域的工作运行情况进行照度设定，并按时进行自动开、关照明，使系统能最大限度地节约能源。

④延长灯具使用寿命。

照明灯具的使用寿命取决于电网电压，由于电网过电压越高，灯具寿命将会成倍地降低，反之，则灯具寿命将成倍地延长，因此，防止过电压并适当降低工作电压是延长灯具寿命的有效途径。系统设置抑制电网冲击电压和浪涌电压装置，并人为地限制电压以提高灯具寿命。采取软启动和软关断技术，避免灯具灯丝的热冲击，以进一步使灯具寿命延长。

2. 智能照明系统构成

本项目设计的智能照明控制系统由光源、驱动电源和智能控制器组成。光源由冷暖色温两种 LED 灯珠构成，驱动电源接收智能控制器输出的 PWM 信号，调节输出电流，从而控制光源亮度和色温；智能控制器根据传感器或开关信号调节 PWM 信号。根据智能照明系统要求，结合教材中项目 1~4 教学内容，设计智能照明系统功能如下：

①具有自动和手动两种模式。
②具有环境光检测功能，可根据光敏传感器信号调整照明系统亮度。
③具有环境温度检测功能，可根据温度传感器信号调整照明系统色温。
④具有手动调整照明系统亮度和色温的功能。
⑤具有无线通信模块，可使用手机 APP 进行照明系统控制。

根据系统功能，设计系统结构，智能照明系统的结构如图 5.1 所示。

图 5.1 系统结构图

3. 功能模块

系统中的各功能具有不同作用，下面对各模块进行介绍。

（1）光源板

光源板由色温 3 000 K 和 6 000 K 白光 LED 灯珠构成，每个 LED 灯珠额定功率为 0.5 W，LED 灯珠是 7 颗串联，每个 LED 串中接入一个限流电阻。光源板供电电压是 DC 24 V，光源板电路如图 5.2 所示。

图 5.2 LED 光源板

（2）传感器与多路开关模块

传感器与多路开关模块具有传感器功能和多路选择开关功能。传感器具有测试环境温度和光照度功能,当环境温度或光照度高于设定值时,信号处理电路输出高电平。多路选择开关对应触点闭合时,输出低电平,触点断开时,输出高电平。传感器与多路开关模块电路如图 5.3 所示。

(3) 电源模块

电源模块具有恒压输出和恒流输出,输入电压为 DC 24 V,稳压输出 DC 5 V。恒流电路采用 BCR402 扩流电路,用于输出恒定电流,电流最大值是 100 mA,可通过 BCR402 控制端的 PWM 信号来改变输出电流大小。电源电路如图 5.4 所示。

图 5.3 传感器与多路开关模块电路

图 5.4 电源电路

(4) 控制器模块

控制器模块是智能照明系统的核心,通过对外部输入信号的处理,控制输出 PWM 信号的占空比。控制器上的单片机使用的是 STC89C52,同时,模块上具有手动/自动选择功能和无线通信模块。单片机上的 I/O 引脚单独引出,这样方便程序设计时自由选择和连接线路。控制器电路如图 5.5 所示。

智能照明功能

图 5.5 控制器电路

5.1.3 任务实施

1. 注意事项

①正确连接各功能模块,接线时要确保接触良好,防止接触不良。
②正确使用数字万用表。
③直流稳压电源输出电压设定为 24 V,使用直流稳压电源最左边两个红、黑输出端。
④测试过程中防止短路,以免烧坏模块。

智能照明系统设计

2. 操作步骤

系统接线把不同功能电路板进行连接,正确接线,防止错接、漏接。接线图如图 5.6 所示。

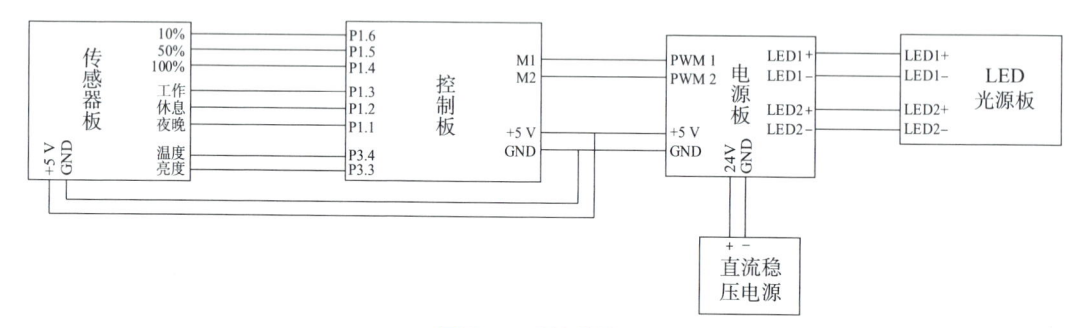

图 5.6 系统接线图

①正确连接电源板和光源板。
②正确连接智能控制器板和电源板。
③正确连接智能控制器板和传感器电路板。线路板接线实物图如图 5.7 所示。

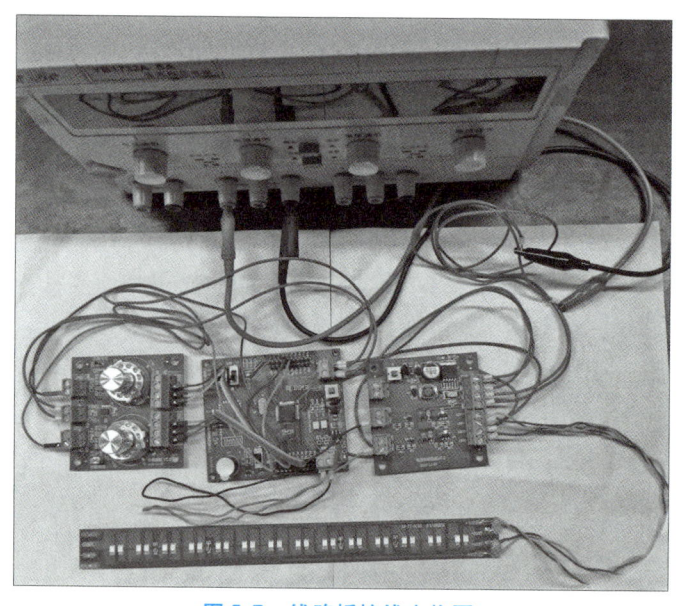

图 5.7 线路板接线实物图

④打开直流稳压电源，输出设置为 DC 24 V。
⑤关闭直流稳压电源，接通直流稳压电源与电源板连接线。
⑥检查各模块连接线路是否正确。

任务评价

任务评价表

序号	评价类型	赋分	评价指标	分值	得分 自评	得分 互评	得分 教师评
1	职业能力	60	线路连接正确	20			
			输入电源调节正确	10			
			测试参数完整	10			
			测试参数正确	20			
2	职业素养	20	敬业精神，遵守纪律	5			
			沟通协作，问题解决	5			
			操作规范性，安全意识	5			
			创新思维，方案优化	5			
3	劳动素养	10	任务按时完成，填写认真	3			
			工位整洁，工具归位	5			
			任务参与度，工作态度	2			
4	思政素养	10	思政素材学习情况	5			
			对"以顾客的眼光看事情"的认识程度	5			
			总分				

课后拓展

思考与讨论

在系统测试过程中，测试操作如何融入用户需求？

任务 5.2　测试智能照明系统

学习目标

★ 能独立完成智能硬件功能模块调试
★ 能撰写功能模块软硬件调试报告
★ 能完成智能硬件应用系统的硬件调试
★ 能完成简单智能硬件应用系统的本地软件调试
★ 能撰写简单智能硬件应用系统的本地软件调试报告

搭建智能照明系统

素质拓展

★ 重视职业中的每一个细节

如何把细节做好最重要的，第一是认识，第二就是训练。团队就是格式化，就是将细节训练成习惯。所谓的团队，就是经过格式化的模式，能够达到一定默契的队伍，否则只能叫乌合之众，而乌合之众是不可能有战斗力的。所以，进入团队以后需要进行格式化，需要进行很多操作规范的培训，必须非常严格地要求格式化的操作，使大家久而久之形成自己的工作习惯。

做事就好比烧开水，99 ℃就是99 ℃，如果不再持续加温，是永远不能生成滚烫的开水的。所以，我们只有烧好每一个平凡的1 ℃，在细节上精益求精，才能真正达到沸腾的效果。

小事不可小看，细节彰显魅力。当我们学习时，学习别人的专业，要注意多多观察其中的细节；当我们集中精力，想在平凡的岗位上创造更大的价值时，就要心思细腻，从点滴做起，以认真的态度做好工作岗位上的每一件小事，以认真负责的心态对待每个细节。让我们做每一件事都本着"烧好每一个平凡的1 ℃"的态度，最终达到成功。

实训设备

（1）直流稳压电源　　　　　　　1台
（2）智能控制板　　　　　　　　1块
（3）传感器和多路选择开关板　　1块
（4）电源板　　　　　　　　　　1台
（5）LED光源板　　　　　　　　1台
（6）杜邦线　　　　　　　　　　若干
（7）数字万用表　　　　　　　　1块
（8）数字示波器　　　　　　　　1台

5.2.1 任务分析

根据系统功能要求，编写单片机程序，进行关键参数测试和功能测试。

5.2.2 相关知识

1. 模块化编程

模块化设计的目的是让代码高内聚，低耦合，是为了降低程序复杂度，使程序设计、调试和维护等操作简单化，形成规范化的应用系统来实现一定的功能或控制。除了必要的硬件部分不能与相应程序分离外，程序的质量将决定应用系统的性能。实际上，大多数初学者编写的程序只包含一个源文件，通常只有几十或几百行小程序是可接受的。但是，随着单片机控制对象数量的增加，用C语言编写的功能越来越多，程序代码也越来越复杂，而所有的代码都被写在一起，导致调试起来异常烦琐，一旦出现需要对程序进行部分修改的问题，需要花费程序员大量的时间与精力。因此，在对复杂的单片机程序进行设计时，需要采用更加简便与高效的方法——模块化编程。

模块化设计是指程序中有多个模块，即多个源文件和相应的头文件、存储程序代码的源文件、存储函数的头文件、变量声明和引脚定义。

（1）模块化编程方法

首先，需要新建一个文件夹并将其进行重新命名，再在命名的文件夹下新建三个名为mdk、obj和src的子文件夹。在mdk文件夹中存放工程文件，在obj文件夹中存放过程文件与Hex文件，在src文件夹中存放模块程序源文件和主程序文件。

在Keil软件中新建main.c文件和功能模块程序源文件，并且新建好的文件存放到src文件夹中，将所有的C文件依次添加到工程中。建立功能模块程序头文件，把所建的文件存放在obj文件夹中。

设置编译输出文件选项，勾选标签页"Output"页面中的"Create Hex File"选项，并单击页面中的"Select Folder for Objects"按钮，将其存放到obj文件夹下，如图5.8和图5.9所示。

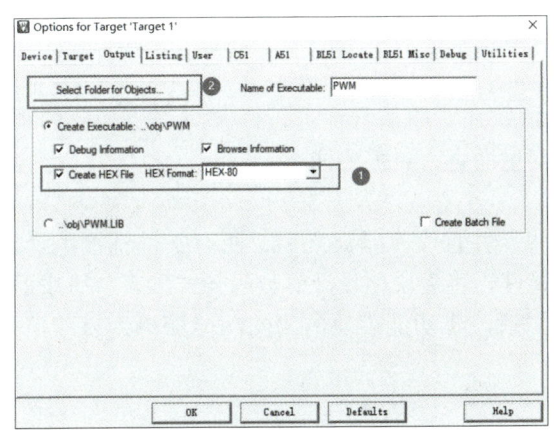

图5.8 设置输出文件　　　　图5.9 设置输出文件所在文件夹

单击标签页"Listing"中的"Select Folder for Objects"按钮，设置到 obj 文件夹下，如图 5.10 和图 5.11 所示。通过这样设置，编译生成的 Hex 文件和过程文件都会放在 obj 文件夹中。

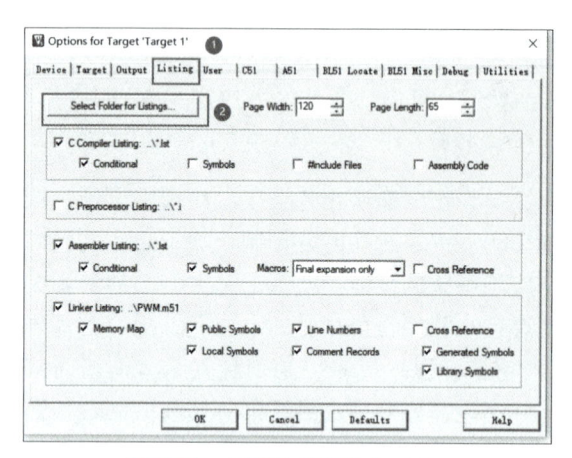

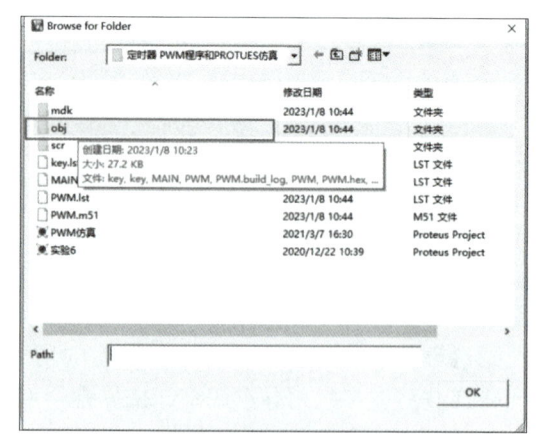

图 5.10　设置连接文件夹（1）

图 5.11　设置连接文件夹（2）

接着对每个模块的 C 文件进行编译，如果出现错误，则按照相应的提示进行修改。在模块编辑完成之后，需要对工程中所有的 C 文件进行编译处理。编译完成之后会直接生成与工程同名的 Hex 文件。

（2）对模块进行划分

根据程序设计功能，可以将整个工程划分为 3 个模块：主程序、按键模块、PWM 模块。在模块中，C 文件上会写明是程序代码，在这个文件中包含了能实现功能的源代码，编译器从该文件编译，并从中生成目标文件。模块中 H 文件是头文件，头文件起到说明书的作用。阐述了该模块提供的接口函数、接口变量、一些重要的宏定义和结构信息。头文件必须以标准格式写入，否则将出错。为了清楚地知道哪个头文件对应哪个源文件，头文件和源文件的名称应该保持一致。

（3）对模块进行编写

PWM 模块是通过定时器实现的，具体的操作步骤是：首先，编写 PWM.H 文件，用于声明可以在外部调用的函数；其次，编写 PWM.C 源文件，在源文件中主要编写各功能函数。同理，可以编写按键模块文件。

（4）编写主程序

将上文中所有编译好的程度调用到一起，可以在对原始程序进行修改时得出相应的程序。需要注意模块变量的使用，尤其是对全局变量而言，更需要注意。

（5）对每个模块进行编译

编译各模块后四个模块。在编译完每个模块，并且没有错误之后，所有文件都被编译。在没有错误提示之后，软件自动生成十六进制文件。将模块化设计的数码管式秒表与原来的数码管式秒表相比，模块化的主程序只有十几句话，各功能模块的语句功能简单，易移植，整个工程程序的结构简洁。

2. 整机测试

整机调试一般流程如下。

外观检查及结构调试→上电调试→系统测试→整机老化→整机技术指标复测→例行试验。

（1）外观检查及结构调试

外观检查是用目视法检查电路板各元件的安装是否正确，焊点有无漏焊虚焊和桥接。多股线有无断股或散开现象，元器件裸线是否相碰，机内是否有锡珠、线头等异物。

检查电路板及连接线的安装是否到位、牢固和可靠。

（2）上电调试

对电子电路有关参数及工作状态进行测量，被测电路通电之后，不要急于测量数据和观察结果，首先要观察有无异常现象，包括有无冒烟，是否闻到异常气味，手摸元器件是否发烫，电源是否有短路现象等。

①静态调试。

指在没有外加信号的条件下所进行的直流测试和调整过程。

通过静态测试模拟电路的静态工作点、数字电路和各输入端/输出端的高低电平值及逻辑关系等，可以及时发现已经损坏的元器件，判断电路工作状态，并及时调整电路参数。

②加信号测试。

在电路的输入端加入合适的信号或使振荡电路工作，并沿着信号的流向逐级检测各有关点的波形、参数和性能指标。

（3）系统测试

对电路进行分析→判断→调整→再测量等一系列过程，使电子电路达到预期的技术指标。主要内容是明确调试的目的和要求，正确、合理地使用测量仪器仪表，按调试工艺对电路进行调整和测试；分析和排除调试中出现的故障；调试时，应做好调试记录，准备记录电路各部分的测试数据和波形，以便分析和老化时参考；编写调试总结，提出改进意见。

（4）整机老化

①加电老化的目的。

通过老化发现并剔除早期失效的电子元器件，提高电子设备工作可靠性及使用寿命，同时，稳定整机参数，保证调试质量。

②加电老化技术要求。

温度：通常在常温下进行。有时对整机的单板、组合进行部分的高温加电老化试验。

循环周期：每个周期加电时间 4 h，断电时间 0.5 h。

累积时间：加电老化时间累积计算，累积时间通常为 200 h。

测试次数：根据产品技术设计而定。

测试间隔时间：通常为 8 h、12 h、24 h，也可根据需要另定。

③加电老化试验一般程序。

按试验电路连接框图并通电；

在常温条件下对整机进行全参数测试，掌握整机老化试验前的数据；

在试验环境下开始通电老化试验；

按循环周期进行老化和测试；

老化试验结束前再进行一次全参数测试，以作为加电老化试验的最终数据；

停电后打开设备外壳，检查机内是否正常；

按技术要求重新调整和测试。

在进行老化试验时，若整机设备出现故障，就立即退出试验，待故障排除后方能继续试验。故障排除后，继续老化的时间不得少于两个循环周期。

（5）整机技术指标复测

对加电老化试验过程中所取得的数据进行统计、对比和有关计算，明确电子整机主要技术参数在老化过程中的特征值，列表或绘制有关特征值随时间的关系曲线，同时对该批电子整机产品的工作稳定性和一致性等作出评价。

5.2.3 任务实施

1. 注意事项

①正确连接各功能模块，接线时要确保接触良好，防止接触不良。

②正确使用数字示波器。

③直流稳压电源输出电压设定为 24 V，使用直流稳压电源最左边两个红、黑输出端。

④测试过程中防止短路，以免烧坏模块。

⑤功能测试时，要按照步骤进行。

2. 操作步骤

①设计系统软件流程图，如图 5.12 所示。

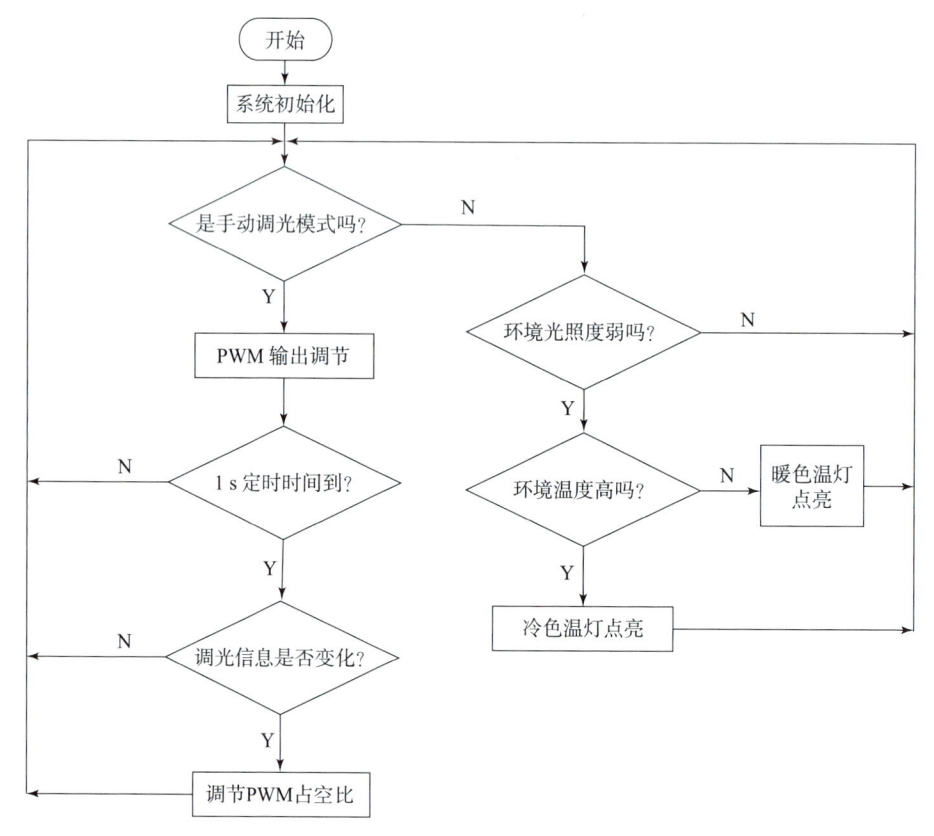

图 5.12 程序流程图

②编写系统程序。

程序主要由两个文件组成，分别是 PWM.C 和 key.c。

PWM.C 程序如图 5.13 所示。

STARTUP.A51 | reg51.h | PWM.C | key.c

```
#include<reg51.h>
#include<INTRINS.H>
//#include<key.c>
#include<key.c>

  sbit PWM_C=P3^6;
  sbit PWM_W=P3^7;
  sbit LED=P4^0;

  sbit SPEAKER=P1^0;
  sbit OperateModel=P3^2;
  sbit Condition_Temp=P3^3;
  sbit Condition_Lumi=P3^4;
 #define  PWM_F  500    //PWM频率
  unsigned char FLAG_1S=0;
 unsigned int  PWM_C_HIGH=0, PWM_W_HIGH=0,temp1=0,temp0=0;
 unsigned char Light_CCT_Num=0,Light_Lumi_Num=0;
 unsigned char Time50ms_NUM=0;
 unsigned char PWM_Duty_6000k=25,PWM_Duty_3000k=25;
 unsigned char  Light_CCT_Last=0,Light_Lumi_Last=0;

void delay(unsigned int time);
void  PWM_Duty(unsigned char duty_6000K,unsigned char duty_3000K);
void  Light_Alter(void);

//////////////////////////////////////////////////////////////////////
   void Timer1Interrupt() interrupt 3  using 2
   {   TF1=0;
       TR1=0;
       TH1=(65536-46080)/256;
       TL1=(65536-46080)%256;
      if(++Time50ms_NUM>=20)
       {Time50ms_NUM=0;
         FLAG_1S=1;}
       TR1=1;
    }
//////////////////////////////////////////////////   定时0.01MS
 void Timer0Interrupt() interrupt 1
   {   TF0=0;
       TR0=0;
       TH0=0xff;//(65536-10)/256;
       TL0=0xf7;//(65536-10)%256;
      temp1++;
      temp0++;
      TR0=1;
      LED=!LED;
    }
//////////////////////////////////////////////
   void TimerInt()
   {
     TMOD = 0X11;
     TL1=(65536-50000)%256;
     TH1=(65536-50000)/256;

      TL0=(65536-10)%256;
      TH0=(65536-10)/256;

     TR1=1;
     TR0=1;
     EA=1;
     ET1=1;
     ET0=1;
      }

  void delay(unsigned int time)
    { while(time--) ;

    }
```

图 5.13 PWM.C 程序

```c
    void main()
    { P4=0X00;
      SPEAKER=1;
      TimerInt();
      while(1)
      {
///////////////////////////////////////////////////
        if(OperateMode1==0)    //手动调光模式
        { PWM_Duty(PWM_Duty_6000k,PWM_Duty_3000k);
          if(FLAG_1S==1)
          { FLAG_1S=0;
            Light_Alter();
          }
        }
        else{  //自动调光模式
          if(Condition_Lumi==0)
            { if(Condition_Temp==1)
              {PWM_W=1;  }
               PWM_C=0;  }
              else
                 {PWM_W=0;
                  PWM_C=1;  }
              }
              else{  PWM_W=0;
                     PWM_C=0;}
            }
        }
      }
///////////////////////////////////////////////////
    void Light_Alter(void)
    {
        Light_CCT_Num=KEY_Color_Scan();  //色温按键
        Light_Lumi_Num=KEY_Lumi_Scan();   //亮度按键
        if((Light_CCT_Last!=Light_CCT_Num )||( Light_Lumi_Last!= Light_Lumi_Num ))
        { Light_Lumi_Last= Light_Lumi_Num;
          Light_CCT_Last= Light_CCT_Num;
          switch(Light_CCT_Num )
          { case 60:                    //情景模式->工作
            PWM_W=0;
            switch(Light_Lumi_Num)
            { case 100:
                PWM_Duty_6000k=100;
                PWM_Duty_3000k=0;
                break;
              case 50:
                PWM_Duty_6000k=60;
                PWM_Duty_3000k=0;
                break;
              case 10:
                PWM_Duty_6000k=20;
                PWM_Duty_3000k=0;
                break;
              default:
                PWM_Duty_6000k=0;
                PWM_Duty_3000k=0;
                break;
            }
            break;
///////////////////////////////////////////////////
```

测试智能照明系统

图 5.13 PWM.C 程序（续）

```c
                    case 45:                    //情景模式->休息
                        switch(Light_Lumi_Num)
                        { case 100:
                                PWM_Duty_6000k=60;
                                PWM_Duty_3000k=60;
                                break;
                            case 50:
                                PWM_Duty_6000k=31;
                                PWM_Duty_3000k=31;
                                break;
                            case 10:
                                PWM_Duty_6000k=15;
                                PWM_Duty_3000k=15;
                                break;
                            default:
                                PWM_Duty_6000k=0;
                                PWM_Duty_3000k=0;
                                break;
                        }
                        break;
////////////////////////////////////////////////////////////////
                    case 30:                    //情景模式->夜晚
                        switch(Light_Lumi_Num)
                        { case 100:
                                PWM_Duty_6000k=0;
                                PWM_Duty_3000k=100;
                                break;
                            case 50:
                                PWM_Duty_6000k=0;
                                PWM_Duty_3000k=60;
                                break;
                            case 10:
                                PWM_Duty_6000k=00;
                                PWM_Duty_3000k=20;
                                break;
                            default:
                                PWM_Duty_6000k=0;
                                PWM_Duty_3000k=0;
                                break;
                        }
                        break;
                    default :
                                PWM_Duty_6000k=0;
                                PWM_Duty_3000k=0;
                        break;
                }
}
```

图 5.13 PWM.C 程序（续）

```
178  void PWM_Duty(unsigned char duty_6000K,unsigned char duty_3000K)
179  {
180                  switch(duty_6000K )
181                    { case 0: PWM_C=0;
182                        break;
183                      case 100: PWM_C=1;
184                        break;
185                      default:
186                        if(temp1<=duty_6000K)
187                          { PWM_C=1; }
188                        else
189                          { PWM_C=0;
190                            if(temp1>=100) temp1=0; }
191                        break;
192                    }
193                  switch(duty_3000K )
194                    { case 0: PWM_W=0;
195                        break;
196                      case 100: PWM_W=1;
197                        break;
198                      default:
199                        if(temp0<=duty_3000K)
200                          { PWM_W=1; }
201                        else
202                          { PWM_W=0;
203                            if(temp0>=100) temp0=0; }
204                        break;
205                    }
206  }
```

图 5.13　PWM.C 程序（续）

key.c 程序如图 5.14 所示。

```
1
2   #include<reg51.h>
3   sbit KEY_6000K=P1^2;     //工作模式
4   sbit KEY_4500K=P1^3;     //休息模式
5   sbit KEY_3000K=P1^1;     //夜晚模式
6   sbit KEY_Lumi100=P1^4;   //亮度100%
7   sbit KEY_Lumi50 =P1^6;   //亮度50%
8   sbit KEY_Lumi10 =P1^5;   //亮度10%
9   //按键处理函数
10  //返回按键值
11  //0, 没有任何按键按下
12  unsigned char KEY_Color_Scan(void)
13  { static unsigned char key_up=1;//按键按松开标志
14    unsigned char return_num=0;
15    if(key_up &&((KEY_6000K==0)||(KEY_4500K==0)||(KEY_3000K==0)))
16    {
17      key_up=0;
18      if(KEY_6000K==0)
19      { return_num=60;
20      }
21      else if(KEY_4500K==0)
22      { return_num=45;
23      }
24      else if(KEY_3000K==0)
25      { return_num=30;
26      }
27      key_up=1;
28    }
29    else {if(( KEY_6000K==1)&&(KEY_4500K==1)&&(KEY_3000K==1))
30            key_up=1;
31            return_num=0;// 无按键按下
32          }
33    return(return_num)    ;
34  }
```

图 5.14　key.c 程序

```
35  ///////////////////////////////////////////////////////////
36  unsigned char KEY_Lumi_Scan(void)
37  {
38      static unsigned char key_lumi_up=1;//按键按松开标志
39      unsigned char return_num=0;
40      if(key_lumi_up&&((KEY_Lumi100==0)||(KEY_Lumi50==0)||(KEY_Lumi10==0)))
41      {
42          key_lumi_up=0;
43          if(KEY_Lumi100==0)
44              { return_num=100;
45              }
46              else if(KEY_Lumi50==0)
47              { return_num=50;
48              }
49                  else if(KEY_Lumi10==0)
50                  { return_num=10;
51                  }
52          key_lumi_up=1;
53      }
54      else {if(( KEY_Lumi100==1)&&(KEY_Lumi50==1)&&(KEY_Lumi10==1))
55          key_lumi_up=1;
56          return_num=0;// 无按键按下
57      }
58      return(return_num)  ;
59  }
60
61
```

图 5.14　key.c 程序（续）

③程序编写完成并编译无误后，将程序下载到单片机。

④接通 DC 24 V 电源，打开智能控制板电源开关，检查电源指示灯是否点亮。

⑤正确连接智能控制器板和多路选择电路板。

⑥选择手动模式，分别选择工作模式、休息模式和夜晚模式，如图 5.15～图 5.17 所示。

图 5.15　工作模式　　　　图 5.16　休息模式　　　　图 5.17　夜晚模式

⑦在不同模式下调整亮度，记录电流（表 5.1）。

表 5.1　电流　　　　　　　　　　　　　　　　　　　　　mA

亮度/%	模式		
	工作	休息	夜晚
10			
50			
100			

⑧选择"自动"模式，调整环境亮度和温度，测试 LED 光源色温和亮度变化，并分析

光源变化与环境改变是否一致。

⑨无线控制测试，通过手机APP发送控制命令，测试光源变化。

任务评价

任务评价表

序号	评价类型	赋分	评价指标	分值	得分 自评	得分 互评	得分 教师评
1	职业能力	60	线路连接正确	20			
			输入电源调节正确	10			
			测试参数完整	10			
			测试参数正确	20			
2	职业素养	20	敬业精神，遵守纪律	5			
			沟通协作，问题解决	5			
			操作规范性，安全意识	5			
			创新思维，方案优化	5			
3	劳动素养	10	任务按时完成，填写认真	3			
			工位整洁，工具归位	5			
			任务参与度，工作态度	2			
4	思政素养	10	思政素材学习情况	5			
			对"重视职业中的每一个细节"的认识程度	5			
			总分				

课后拓展

思考与讨论

结合生活中的智能照明系统应用场景，利用教学中的实训设备自主设计。

小结

本项目主要介绍了智能照明控制器的设计原理，主要包括如下内容。
1. 测光模块设计。
2. 测温模块设计。
3. 多路选择开关模块设计。
4. 控制模块设计。

习题

1. 填空题

（1）本项目所设计的智能照明系统具有____和____模式。

（2）系统中，光源板中的冷色温灯珠是____K，暖色温灯珠是____K。

（3）在系统测试中，使用的电源电压为DC____V。

（4）在系统测试中，使用示波器测量____信号。

（5）在系统测试中，可使用____测量电流。

（6）在系统测试中，数字万用表测量电流时，万用表应该____联在被测线路中。

插孔编号说明：1→10 A，2→mA，3→COM，4→VΩHz，

（7）如图5.18所示，在系统测试电流时，红表笔应接孔____或____，黑表笔应接孔____，并且旋转开关应指向____挡。

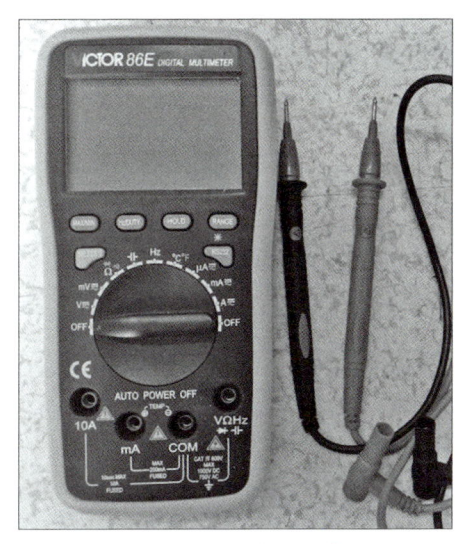

图 5.18　数字万用表

（8）如图5.18所示，在系统测试输入电压DC 24 V时，红表笔应接孔____，黑表笔应接孔____，并且旋转开关应指向____挡。

（9）在系统测试输入电压DC 24 V时，如果万用表显示"-23.8"V，说明红表笔接的是电源____极，黑表笔接的是电源____极。

（10）测试中，恒流电源单路输出电流最大为____mA。

2. 选择题

（1）系统中传感器模块的功能是（　　）。

A. 测量温度　　　　　　　　　　　B. 测量光照度

C. 测量温度和光照度　　　　　　　D. 测量电压

（2）热敏电阻具有（　　）功能。

A. 测量温度　　B. 测量光照度　　C. 测量电流　　D. 测量电压

（3）系统中，无线通信模块是（　　）。

A. ZigBee 模块　　　　B. RS485 模块　　　　C. WiFi 模块　　　　D. 蓝牙模块

（4）测量 PWM 信号波形使用的工具是（　　）。

A. 万用表　　　　B. 示波器　　　　C. 信号发生器　　　　D. 交流毫伏表

（5）测试中，测量系统电流使用的工具是（　　）。

A. 万用表　　　　B. 示波器　　　　C. 信号发生器　　　　D. 交流毫伏表

3. 简答题

（1）简述什么是智能照明系统。

（2）简要说明电源模块功能。

（3）简要说明光源模块功能。

（4）简要说明控制模块功能。

（5）简要说明传感器模块功能。

（6）在系统功能测试中，当亮度调到"50%"，场景调到"休息"状态时，发现 LED 灯闪烁，试说明原因。

（7）解释"频闪"的含义。